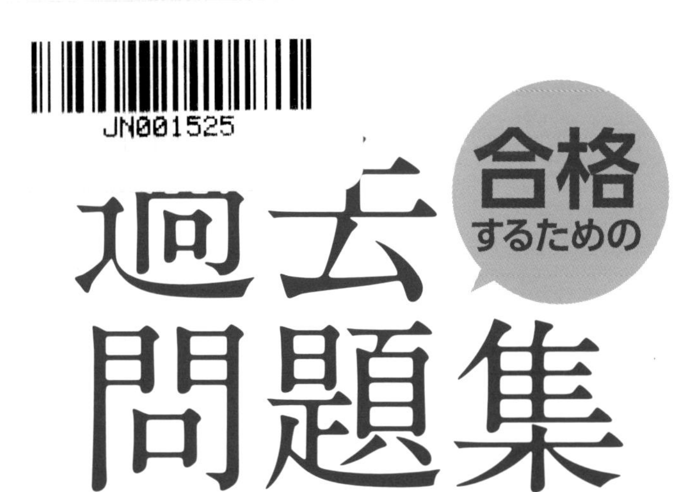

よくわかる簿記シリーズ

Exercises in the Exam

建設業経理士1級

原価計算

はしがき

本書は、今、建設業界で注目をあつめている資格「建設業経理士」の本試験過去問題集です。

建設業経理士とは、ゼネコンをはじめとした建設業界において、簿記会計の知識の普及と会計処理能力の向上を図ることを目的として、国土交通大臣より認定された資格です。

２級以上の建設業経理士は、公共工事の入札に関わる経営事項審査の評価対象となっており、建設会社における有資格者数はこの評価に直結するものとなっています。さらに近年、コスト管理の重要性が高まっていることから、有資格者の活躍の場は経理部門だけでなく各セクションへと広がっていくことが予想されています。

一方、試験の内容を見てみると、日商簿記検定試験とその出題範囲や方式が類似しており、かつ、日商簿記検定試験ほど出題範囲が広くないことに気づきます。このため、短期間での資格取得が可能と言われており、業界への就職・転職を考えている方は、ぜひ取得しておきたい資格の一つといえるでしょう。

学習にあたっては、本書ivページの「出題論点分析一覧表」にて頻出論点を確認し、それらについては必ず解答できるよう、本書で繰り返し演習してください。本書の解説「解答への道」は、TAC建設業経理士検定講座が講座運営を通じて培ったノウハウを随所に活かして作成しておりますので、きっと満足してご利用いただけるものと思います。

読者の皆様が建設業経理検定の合格を勝ち取り、新たなる一歩を踏み出されますよう、心よりお祈りしております。

令和５年５月

TAC建設業経理士検定講座

建設業経理検定はこんな試験

建設業経理検定とは、建設業界における簿記検定として、会計知識と処理能力の向上を図るために実施されている資格試験です。

試験の内容も「日商簿記検定試験」とその出題範囲や方式が類似していますので、短期間でのWライセンス取得、さらには税理士・公認会計士など簿記・会計系の上位資格へのステップアップと、その活用の場は広がっています。

主催団体	一般財団法人建設業振興基金
受験資格	特に制限なし
試験日	9月、3月
試験級	1級・2級（建設業経理士） ※他、3級・4級（建設業経理事務士）の実施があります。
申込手続き	インターネット・「受験申込書」郵送による手続き（要顔写真）
申込期間	おおむね試験日の4カ月前より1カ月間 ※実施回により異なりますので必ず主催団体へご確認ください。
受験料（1級・税込）	1科目：¥8,120　2科目：¥11,420　3科目：¥14,720 ※申込書代金、もしくは決済手数料¥320が含まれています。
問い合せ先	(一財)建設業振興基金　経理試験課 TEL：03-5473-4581　URL：https://www.keiri-kentei.jp

（令和5年5月現在）

レベル（1級）

上級の建設業簿記、建設業原価計算及び会計学を修得し、会社法その他会計に関する法規を理解しており、建設業の財務諸表の作成及びそれに基づく経営分析が行えること。

試験科目（1級）

※　試験の合格判定は、正答率70％を標準としています。

科目	配点	制限時間
財務諸表	100点	1時間30分
財務分析	100点	1時間30分
原価計算	100点	1時間30分

合格率（1級原価計算）

回数	第23回（平成30年3月）	第24回（平成30年9月）	第25回（平成31年3月）	第26回（令和元年9月）	第27回（令和2年9月）
受験者数	1,900人	1,692人	1,683人	1,580人	1,794人
合格者数	471人	503人	389人	253人	459人
合格率	24.8%	29.7%	23.1%	16.0%	25.6%

回数	第28回（令和3年3月）	第29回（令和3年9月）	第30回（令和4年3月）	第31回（令和4年9月）	第32回（令和5年3月）
受験者数	2,022人	2,033人	1,876人	1,869人	1,716人
合格者数	226人	503人	225人	285人	373人
合格率	11.2%	24.7%	12.0%	15.2%	21.7%

出題論点分析一覧表

第23回～第32回までに出題された論点および出題内容（第１問）は以下のとおりです。

第１問（記述問題）

論　　点	23	24	25	26	27	28	29	30	31	32
建設業の特性と原価計算						★	★	★		
原価計算制度と特殊原価調査							★			★
原価の分類基準	★	★								
材料費・仮設資材費			★							
労務費・経費	★									
販売費及び一般管理費				★						
総合原価計算		★								
標準原価計算										★
企業予算の編成（事前原価計算）				★		★			★	
原価管理（原価統制）					★					
経営意思決定									★	
戦略的原価管理			★		★			★		

以下、具体的な出題内容です。

		出　題　内　容
第23回	問１	経費の４つの把握方法
	問２	直接工事費と工事直接費の相違
第24回	問１	原価の作業機能別分類
	問２	組別総合原価計算の意義と計算方法
第25回	問１	国土交通省告示の材料費の定義
	問２	品質コストの分類
第26回	問１	基本予算と実行予算の関係と実行予算の種類
	問２	注文獲得費・注文履行費・全般管理費の特質と予算管理の方法
第27回	問１	コスト・コントロール（原価統制）の３つのプロセス
	問２	建設業におけるＡＢＣ（活動基準原価計算）
第28回	問１	建設業の特性とそれが建設業の原価計算に与える影響
	問２	天下り型予算と積上げ型予算
第29回	問１	原価計算制度と特殊原価調査の相違点
	問２	建設業原価計算の特徴
第30回	問１	建設業における原価計算の目的
	問２	ＶＥ（Value Engineering）の内容
第31回	問１	工事レベルの実行予算の３つの機能
	問２	内部利益率法の説明
第32回	問１	実際原価計算制度の３つの計算ステップ
	問２	標準原価の種類（改訂頻度の観点から）

第 2 問（正⇒正誤問題、選⇒語句選択問題）

論　点	23	24	25	26	27	28	29	30	31	32
原価計算基準						選				
原価計算制度と特殊原価調査					正					
原価の分類					正					
材料費・労務費・外注費・経費	正			選	正					選
工事間接費の配賦			正							選
原価の部門別計算	正									選
個別原価計算と総合原価計算	正				正			正		
標準原価計算					正				選	
原価差異の会計処理	正									
特殊原価概念（経営意思決定）		選					選			

第 3 問（計算問題）

論　点	23	24	25	26	27	28	29	30	31	32
材料費の計算									★	
重機械の損料計算	★	★			★					★
車両のコスト・センター化						★				
基準操業度の種類と計算				★						
原価の部門別計算								★		
工事進行基準			★							
ライフサイクル・コスティング							★			

第 4 問（計算問題）

論　点	23	24	25	26	27	28	29	30	31	32
工程別組別総合原価計算					★					
標準原価計算							★			
業務執行上の意思決定	★		★					★		
設備投資の意思決定		★		★		★			★	★

第 5 問（総合問題）

論　点	23	24	25	26	27	28	29	30	31	32
工事原価計算表の作成								★		★
完成工事原価報告書の作成	★	★	★	★	★	★	★		★	
未成工事支出金の繰越額	★	★	★	★	★	★	★		★	
原価差異勘定の残高	★	★	★	★	★	★	★	★	★	★
工事進行基準による完成工事高								★		

本書の使い方

過去問題は回数別に収録してありますので、時間配分を考えながら過去問演習を行ってください。解答にあたっては巻末に収録されている「解答用紙」を抜き取ってご利用ください（「サイバーブックストア〈https://bookstore.tac-school.co.jp/〉」よりダウンロードサービスもご利用いただけます）。また、解答用紙の最後にあるチェック・リストを活用し、過去問演習を繰り返すことで、知識を確かなものにしてください。

なお、iv〜vページに過去の「出題論点分析一覧表」がありますので、参考にしてください。

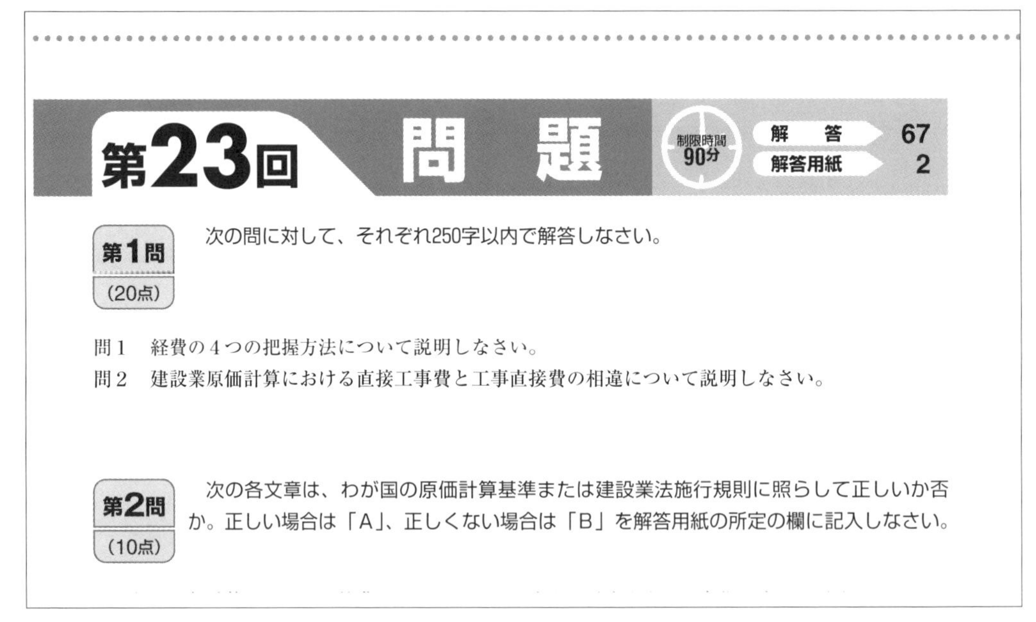

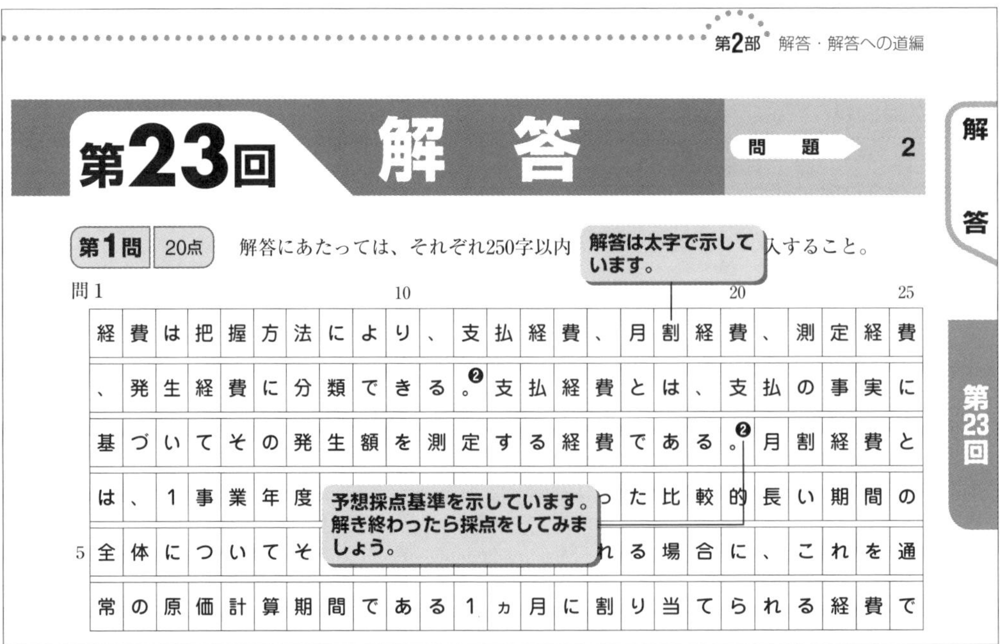

第23回 解答への道

問題 2

第1問●記述問題

問1 経費の4つの把握方法

経費はその把握方法（測定方法）によって、支払経費、月割経費、測定経費、発生経費の４つに分類される。

⑴ 支払経費

支払経費とは、支払の事実に基づいてその発生額を測定する費目である。運賃、通信交通費、交際費、事務用品費等がこれに該当する。建設業固有の費目では、機械等経費の中で外部業者への修繕費、設計費の中で外部設計料等がこの支払経費に属する。

⑵ 月割経費

月割経費とは、１事業年度あるいは１年といった比較的長い期間の全体についてその発生額が測定し、これを通常の原価計算期間である１ヵ月に割り当てたものである（日割をすべきものもこの中に含まれる）。減価償却費、保険料、租税公課、賃借料等がこれに該当する。

⑶ 測定経費

測定経費とは、原価計算期間における消費額を備え付けの計器類によって測定し、それを基礎にしてその期間の経費額を決定するものをいう。電力料、ガス代、水道料等がこれに属する。

⑷ 発生経費

発生経費とは、原価計算期間中の発生額をもってしか、その消費分を測定できないものである。例えば、貯蔵物品が保管中にいろいろな理由によって減耗した場合、この価値減少分である棚卸減耗費は、支払その他の測定方法で把握できないものである。

問2 直接工事費と工事直接費の相違

直接工事費は、見積等の事前原価計算において使用されることが多い概念であり、純工事費のうち共通仮設費を除いた工事費の中心部分である。よって、直接工事費の直接性は、作業内容についてのものである。

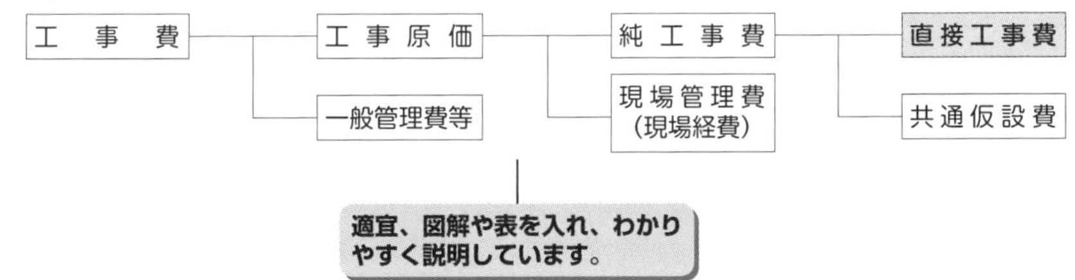

適宜、図解や表を入れ、わかりやすく説明しています。

目次

今後の検定日程

●第33回建設業経理士検定試験

令和 5 年 9 月 10 日（日）

検定ホームページアドレス
https://www.keiri-kentei.jp

第1部

問題編

第23回 問題

制限時間 90分　解答 67　解答用紙 2

第1問（20点）

次の問に対して、それぞれ250字以内で解答しなさい。

問１　経費の４つの把握方法について説明しなさい。
問２　建設業原価計算における直接工事費と工事直接費の相違について説明しなさい。

第2問（10点）

次の各文章は、わが国の原価計算基準または建設業法施行規則に照らして正しいか否か。正しい場合は「A」、正しくない場合は「B」を解答用紙の所定の欄に記入しなさい。

1．個別原価計算における間接費は、原則として、実際配賦率をもって各指図書に配賦する。
2．作業くずが発生する場合、その見積販売価額等の評価額を発生部門の部門費または当該工事の工事原価から控除する。
3．予定価格等が不適切なため比較的多額の原価差異が発生したとき、個別原価計算の場合には、これを当該年度の売上原価と棚卸資産に指図書別または科目別に配賦する。
4．材料貯蔵品とは、手持ちの工事用材料、消耗工具器具等および事務用消耗品等のうち、未成工事支出金、完成工事原価または販売費及び一般管理費として処理されなかったものをいう。
5．補助部門費の施工部門への配賦方法のうち、補助部門間のサービスの授受を計算上すべて無視する方法を階梯式配賦法という。

第3問（14点）

宮崎土建株式会社の大型クレーンXに関する損料計算用の〈資料〉は次のとおりである。下の問に解答しなさい。なお、計算の過程で端数が生じた場合は、各問の解答を求める際に円未満を四捨五入すること。

〈資料〉
1．大型クレーンXは本年度期首において¥31,680,000（基礎価格）で購入したものである。
2．耐用年数８年、残存価額ゼロ、減価償却方法は定額法を採用する。
3．大型クレーンXの標準使用度合は次のとおりである。
　　年間運転時間　1,000時間　年間供用日数　220日
4．年間の管理費予算は、基礎価格の８％である。
5．修繕費予算は、定期修繕と故障修繕があるため、次のように設定する。損料計算における修繕費率は、各年平均化するものとして計算する。
　　修繕費予算１～４年度　各年度　¥2,000,000
　　　　　　　５～８年度　各年度　¥2,400,000

6．初年度2月次における大型クレーンXの現場別使用実績は次のとおりである。

	供用日数	運転時間
甲現場	3日	14時間
乙現場	14日	62時間
その他の現場	2日	8時間

7．初年度2月次の実績額は次のとおりである。
管理費　¥220,700　修繕費　¥395,500　減価償却費　月割計算

問1　大型クレーンXの運転1時間当たり損料と供用1日当たり損料を計算しなさい。ただし、減価償却費については、両損料の算定に当たって年当たり減価償却費の半額ずつをそれぞれ組み入れている。

問2　問1の損料を予定配賦率として利用し、甲現場と乙現場への配賦額を計算しなさい。

問3　初年度2月次における大型クレーンXの損料差異を計算しなさい。なお、有利差異の場合は「A」、不利差異の場合は「B」を解答用紙の所定の欄に記入すること。

第4問（16点）

岡山建材工業株式会社では、10台の同一機械を使って1種類の製品を作っている。次の〈資料〉に基づいて、下の問に解答しなさい。

〈資料〉

1．直接作業者の1ヵ月の勤務時間は200時間（うち正規時間160時間、残業時間40時間）まで可能であるが、機械設備の定期保全と故障修理に毎月17時間必要であり、作業の段取りなどに毎月23時間要しているので、正味の機械運転時間（実働時間）は月間160時間である。

2．製品の生産能力は機械運転時間（実働時間）によって制約されている。月間の生産量は、フル操業のとき（実働160時間）で80,000単位になるが、そのうち10％が不良品になって廃棄されている。

3．フル操業の月の製品1単位当たりの売価とコストは次のように計算されている。

売　　価	¥3,000
材 料 費	¥ 900
変動加工費	¥ 300
直接労務費	¥ 420
固定諸経費	¥ 500

直接労務費は、正規時間については月給制（月間総額¥25,600,000）であるが、残業時間にはその25％増しの残業手当が支払われる。表中の直接労務費と固定諸経費は、月間総額を80,000単位で割った値である。変動加工費は実働時間に比例する。

問1　当社は好況のため、フル操業しても追いつかないほどの需要がある。このとき、次のような改善ができたとすると、その経済的効果は月間いくらになるかを計算しなさい。ただし、各改善は単独でなされるものと仮定しなさい。

⑴　不良品の数を現状より１割減らすことができる（不良率が９％になる）場合の経済的効果
⑵　保全・修理・段取りなどの時間（現状で40時間）を１割減らすことができる場合の経済的効果
⑶　設計の工夫により、材料の消費量を１割減らすことができる場合の経済的効果

問２　当社は不況のため、需要が月間54,000単位に落ちたので残業する必要がなくなった。直接作業者の数を減らすことはできない。この条件のもとで問１の⑶の改善がなされたとすると、その経済的効果は月間いくらになるかを計算しなさい。

第5問（40点）

下記の〈資料〉は、鹿児島建設工業株式会社（当会計期間：平成×8年４月１日～平成×9年３月31日）における平成×8年９月の工事原価計算関係資料である。次の問に解答しなさい。月次で発生する原価差異は、そのまま翌月に繰り越す処理をしている。なお、計算の過程で端数が生じた場合は、円未満を四捨五入すること。

問１　工事完成基準を採用して平成×8年９月の完成工事原価報告書を作成しなさい。
問２　平成×8年９月末における未成工事支出金の勘定残高を計算しなさい。
問３　次の配賦差異について当月末の勘定残高を計算しなさい。なお、それらの差異について、借方残高の場合は「A」、貸方残高の場合は「B」を解答用紙の所定の欄に記入すること。

①　賃率差異　　②　重機械部門費予算差異
③　重機械部門費操業度差異

〈資料〉

１．当月の工事の状況

工事番号	着　工	竣　工
801	前月以前	当月
802	前月以前	当月
803	当月	月末現在未成
804	当月	当月

２．月初における前月繰越金額

⑴　月初未成工事原価の内訳

（単位：円）

工事番号	材料費	労務費	外注費（労務外注費）	経費（人件費）	合　計
801	166,000	109,400	138,990（112,000）	79,400（49,100）	493,790
802	63,900	41,400	63,230（ 30,650）	33,200（24,120）	201,730
計	229,900	150,800	202,220（142,650）	112,600（73,220）	695,520

（注）（　）の数値は、当該費目の内書の金額である。

⑵　配賦差異の残高

賃率差異￥3,400（借方）　重機械部門費予算差異￥2,370（借方）
重機械部門費操業度差異￥900（貸方）

3．当月の材料費に関する資料

⑴　X材料は常備材料で、材料元帳を作成して実際消費額を計算している。消費単価の計算について先入先出法を使用している。9月の受払と在庫の状況は次のとおりである。

日　付	摘　要	単価（円）	数量（本）
9月1日	前月繰越	500	300
4日	購入	520	300
8日	804工事で消費		500
12日	購入	540	300
17日	802工事で消費		300
21日	戻り		50
22日	購入	550	300
24日	803工事で消費		300
30日	次月繰越		150

（注1）13日に12日購入分として、¥1,500の値引を受けた。

（注2）21日の戻りは8日出庫分である。戻りは出庫の取り消しとして処理し、戻り材料は次回の出庫のとき最初に出庫させること。

（注3）棚卸減耗は発生しなかった。

⑵　Y材料は仮設工事用の資材で、工事原価への算入はすくい出し法により処理している。当月の工事別関係資料は次のとおりである。

（単位：円）

工事番号	801	802	803	804
当月仮設資材投入額	（注）	39,900	40,400	39,000
仮設工事完了時評価額	11,200	12,300	（仮設工事未了）	28,000

（注）801工事の仮設工事は前月までに完了し、その資材投入額は前月末の未成工事支出金に含まれている。

4．当月の労務費に関する資料

専門工事であるS工事の当月従事時間は次のとおりである。

（単位：時間）

工事番号	801	802	803	804	合　計
従事時間	10	18	35	34	97
うち残業時間	2	3	5	5	15

労務費の計算においては、予定経常賃率（1時間当たり¥3,800）を設定して実際の工事従事時間に応じて原価算入している。なお、残業時間については工事別に把握し、その賃金は予定経常賃率の25％増としている。当月の労務費（賃金手当）の実際発生額の関係資料は次のとおりである。

⑴　支払賃金（基本給および基本手当　対象期間8月25日～9月24日）　¥318,000

⑵　残業手当（対象期間9月25日～9月30日）　¥65,000

⑶　前月末未払賃金計上額　¥73,000

⑷　当月末未払賃金要計上額（残業手当を除く）　¥78,000

5．当月の外注費に関する資料

当社の外注工事には、資材購入や重機械工事を含むもの（一般外注）と労務提供を主体とするもの（労務外注）がある。当月の工事別の実際発生額は次のとおりである。

（単位：円）

工事番号	801	802	803	804	合　計
一般外注	29,880	97,550	99,600	193,200	420,230
労務外注	19,500	53,400	77,500	144,700	295,100

（注）労務外注費は、完成工事原価報告書においては労務費に含めて記載することとしている。

6．当月の経費に関する資料

(1)　直接経費の内訳

（単位：円）

工事番号	801	802	803	804	合　計
労務管理費	2,040	9,100	12,300	21,300	44,740
従業員給料手当	9,670	14,200	18,900	28,900	71,670
法定福利費	1,250	3,300	4,100	7,020	15,670
福利厚生費	3,920	11,900	14,200	19,100	49,120
事務用品費他	1,700	4,440	9,100	22,200	37,440
計	18,580	42,940	58,600	98,520	218,640

（注）経費に含まれる人件費の計算において、退職金および退職給付引当金繰入額は考慮しない。

(2)　役員であるＴ氏は一般管理業務に携わるとともに、施工管理技術者の資格で施工管理業務も兼務している。役員報酬のうち、担当した当該業務に係る分は、従事時間数により工事原価に算入している。また、工事原価と一般管理費の業務との間には等価係数を設定している。関係資料は次のとおりである。

(a)　Ｔ氏の当月役員報酬額　¥612,000

(b)　施工管理業務の従事時間

（単位：時間）

工事番号	801	802	803	804	合　計
従事時間	—	20	25	35	80

(c)　役員としての一般管理業務は120時間であった。

(d)　業務間の等価係数（業務１時間当たり）は次のとおりである。

施工管理　1.5　　一般管理　1.0

(3)　重機械部門費の配賦

Ｓ工事の労務作業に使用される重機械については、その費用を次の(a)の変動予算方式で計算する予定配賦率によって工事原価に算入している。関係資料は次のとおりである。

(a)　当会計期間において使用されている変動予算の基準数値

基準操業時間　Ｓ労務作業　年間　1,200時間

変動費率（１時間当たり）¥400　　固定費（年額）¥960,000

(b)　当月の重機械部門費の実際発生額は¥122,500であった。

(c)　月次での許容予算額の計算について、固定費は月割経費とする。固定費から予算差異は生じていない。

(d)　重機械部門費の中に人件費に属するものはない。

⑷ その他工事共通の現場管理費（人件費以外の経費）￥97,000が発生した。労務作業従事時間で按分して各工事に配賦する。

第24回 問題

制限時間 90分
解答 78
解答用紙 5

第1問
(20点)

次の問に解答しなさい。各問とも指定した字数以内で記入すること。

問1　原価の作業機能別分類について説明しなさい。(250字以内)
問2　組別総合原価計算の意義と計算方法について説明しなさい。(250字以内)

第2問
(10点)

次に掲げる各文章と最も関係の深い原価概念を下記の〈用語群〉の中から選び、その記号（ア～シ）を解答用紙の所定の欄に記入しなさい。

1．代替案の比較において用いられる原価の差額
2．品質原価計算において、製品の規格に合致しない製品を発見するための原価
3．経営者の行う特定の意思決定に関して、現金支出を生じさせる原価
4．意思決定において無関連な原価
5．犠牲にされる経済的資源を、他の代替的用途に振り向けたなら得られるはずの最大の利益額、すなわち最大の逸失利益額で測定した原価

〈用語群〉

ア	機会原価	イ	過去原価	ウ	変動原価	エ	標準原価
オ	差額原価	カ	現金支出原価	キ	埋没原価	ク	評価原価
コ	固定原価	サ	予防原価	シ	見積原価		

第3問
(14点)

次の〈資料〉は、当月の初めに購入した大型クレーンに関するものである。下記の問に解答しなさい。なお、計算の過程で端数が生じた場合は、最終の解答を算出する際に円未満を四捨五入すること。

〈資料〉
1．社内損料計算に関する資料
(1)　取得価額（基礎価格）　各自計算すること
(2)　耐用年数　10年　　償却費率　100%　減価償却方法　定額法
(3)　修繕・管理費の率　　修繕費率　55%（耐用年数期間中）
　　管理費率　7%（年間）
(4)　使用の標準　　年間標準運転時間　1,200時間
　　年間標準供用日数　200日
(5)　計算された損料　　運転1時間当たり損料　各自計算すること
　　供用1日当たり損料　¥14,400

ただし、両損料額の算定にあたって、年当たり減価償却費の半額ずつをそれぞれ組み入れている。

2．大型クレーンは、当月、A工事現場でのみ使用された。その実績は次のとおりである。

　　運転時間　75時間　　　供用日数　16日

3．当月、大型クレーンに関連して発生した費用は次のとおりである。

　　修繕・管理費　¥193,200　　減価償却費　月割経費

問1　大型クレーンの取得価額（基礎価格）を求めなさい。

問2　A工事現場への当月配賦額を計算しなさい。

問3　当月の損料差異を計算しなさい。なお、差異が配賦不足の場合は「X」、配賦超過の場合は「Y」を解答用紙の所定の欄に記入すること。

第4問（16点）

福井建材株式会社は新機械を購入するか否かを検討している。現時点（第0年度末）において、新機械（取得価額¥10,000,000）を購入する場合、4年にわたって経済的な効果が発生すると予測されている。次の〈資料〉に基づいて、下記の問に答えなさい。

〈資料〉

1．この投資案から生じる各キャッシュ・フローの見積額

（単位：円）

	第1年度	第2年度	第3年度	第4年度
売上（キャッシュ・インフロー）	8,000,000	7,000,000	8,700,000	9,000,000
費用（キャッシュ・アウトフロー）	5,000,000	4,000,000	6,000,000	5,000,000

2．新機械の耐用年数は4年、残存価額はゼロであり、定額法を用いて減価償却を行うものとする。

3．法人税率は30％である。当社は今後4年間にわたり黒字企業であると仮定する。

4．資本コストは税引後で6％とする。解答にあたり、次の現価係数を用いるものとする。

年	1年	2年	3年	4年
現価係数	0.943	0.890	0.840	0.792

問1　この投資から生じる年々の税引後の正味キャッシュ・フロー（増分現金流入額）を求めなさい。なお、現在価値に割り引かないこと。

問2　時間価値を考慮しない累積的回収期間法（積上方式）によって、この投資案の回収期間を計算しなさい。なお、計算の過程で端数が生じた場合は、年単位で小数点第2位未満を四捨五入すること。本問では、各キャッシュ・フローは年間を通じて平均して発生すると仮定する。

問3　この投資案の正味現在価値を計算しなさい。計算の過程で端数が生じた場合は、円未満を四捨五入すること。なお、正味現在価値がプラスの場合は「A」、マイナスの場合は「B」を解答用紙の所定の欄に記入すること。本問では、各キャッシュ・フローは年度末に一括して発生すると仮定する。

第5問
(40点)

下記の〈資料〉は、福島建設工業株式会社(当会計期間:平成×2年1月1日〜平成×2年12月31日)における平成×2年4月の工事原価計算関係資料である。次の問に解答しなさい。月次で発生する原価差異は、そのまま翌月に繰り越す処理をしている。なお、計算の過程で端数が生じた場合は、円未満を四捨五入すること。

問1　当月の完成工事原価報告書を作成しなさい。ただし、収益の認識については工事完成基準を採用している。

問2　当月末における未成工事支出金の勘定残高を計算しなさい。

問3　次の配賦差異について、当月末の勘定残高を計算しなさい。なお、差異残高については、借方残高の場合は「X」、貸方残高の場合は「Y」を解答用紙の所定の欄に記入しなさい。

①　材料副費配賦差異　　②　重機械部門費予算差異

③　重機械部門費操業度差異

〈資料〉

1．当月の工事の状況

工事番号	着　工	竣　工
201	平成×1年9月	平成×2年4月
202	平成×2年3月	平成×2年4月
203	平成×2年4月	月末現在未成

2．月初における前月繰越金額

(1)　月初未成工事原価の内訳

(単位:円)

工事番号	材料費	労務費	外注費	経費(人件費)	合　計
201	199,200	101,900	152,600	89,300(52,910)	543,000
202	88,500	75,700	84,500	45,340(28,930)	294,040

(注)(　)の数値は、当該費目の内書の金額である。

(2)　配賦差異の残高

材料副費配賦差異　　　¥950(貸方)

重機械部門費予算差異　¥1,150(借方)　　重機械部門費操業度差異　¥1,400(貸方)

3．当月の材料費に関する資料

(1)　甲材料は工事引当材料である。当月の工事別購入代価は次のとおりである。当月中に残材は発生していない。

(単位:円)

工事番号	201	202	203	合　計
購入代価	90,000	280,000	150,000	520,000

甲材料の購入に際して、引取運賃等の副費について予定配賦している。当期の予定配賦率は購入代価に対して5%である。また、当月の材料副費実際発生額は¥22,500であった。

⑵　乙材料は汎用の常備材料である。消費単価については先入先出法を適用して計算している。当月の受払いに関する資料は次のとおりである。

日　付	摘　要	単　価	数　量
4月1日	前月繰越	@¥4,000	20個
3日	仕入	@¥4,200	80個
11日	202工事で消費		50個
15日	仕入	@¥4,200	40個
19日	戻り		10個
22日	203工事で消費		70個
24日	仕入	@¥4,300	70個
28日	201工事で消費		50個

（注1）8日に3日仕入分として、¥8,000の値引を受けた。
（注2）19日の戻りは11日出庫分である。
　戻りは出庫の取り消しとして処理する。
（注3）棚卸減耗は確認されなかった。

4．当月の労務費に関する資料
　当社では、重機械のオペレーターとして月給制の従業員を雇用している。基本給および基本手当については、原則として工事作業に従事した日数によって実際発生額を配賦している。ただし、特定の工事に関することが判明している残業手当は、当該工事原価に算入する。当月の関係資料は次のとおりである。
⑴　支払賃金（基本給および基本手当　対象期間3月25日～4月24日）　¥380,600
⑵　残業手当（201工事　対象期間4月25日～4月30日）　¥19,500
⑶　前月末未払賃金計上額　¥75,500
⑷　当月末未払賃金要計上額（残業手当を除く）　¥80,000
⑸　工事従事日数の内訳

（単位：日）

工事番号	201	202	203	合　計
従事日数	5	8	12	25

5．当月の外注費に関する資料
　当社の外注工事には、重機械の提供を含むもの（一般外注）と労務提供を主体とするもの（労務外注）がある。一般外注工事の当月発生総額は¥207,900であったが、これについては、専門工事業者からの作業時間報告書によって各工事に配賦している。労務外注工事については、発注時から工事別に個別に賦課している。工事別の当月実績は次のとおりである。

工事番号	201	202	203	合　計
一般外注工事(時間)	26	24	55	105
労務外注工事(円)	77,700	66,500	110,500	254,700

(注）労務外注費は、月次の完成工事原価報告書の作成に当たっては、そのまま外注費として計上する。

6．当月の経費に関する資料

⑴　直接経費の内訳

（単位：円）

工事番号	201	202	203	合　計
従業員給料手当	5,450	16,260	16,300	38,010
法定福利費	1,100	7,160	8,980	17,240
労務管理費	5,120	10,800	14,400	30,320
福利厚生費	3,960	11,900	12,880	28,740
通信交通費他	3,560	11,600	13,770	28,930
計	19,190	57,720	66,330	143,240

（注）経費に含まれる人件費の計算において、退職金および退職給付引当金繰入額は考慮しない。

⑵　役員であるＴ氏は一般管理業務に携わるとともに、施工管理技術者の資格で施工管理業務も兼務している。役員報酬のうち、担当した当該業務に係る分は、従事時間数により工事原価に算入している。また、工事原価と一般管理費の業務との間には等価係数を設定している。関係資料は次のとおりである。

(a)　Ｔ氏の当月役員報酬額　¥558,000

(b)　施工管理業務の従事時間

（単位：時間）

工事番号	201	202	203	合　計
従事時間	10	10	30	50

(c)　役員としての一般管理業務は120時間であった。

(d)　業務間の等価係数（業務１時間当たり）は次のとおりである。

施工管理　1.2　　一般管理　1.0

⑶　工事に利用する重機械に関係する費用（重機械部門費）は、固定予算方式によって予定配賦している。当月の関係資料は次のとおりである。

(a)　固定予算（月間換算）

基準重機械運転時間　180時間　　その固定予算額　¥234,000

(b)　工事別の使用実績

（単位：時間）

工事番号	201	202	203	合　計
従事時間	31	52	99	182

(c)　重機械部門費の当月実際発生額　¥241,000

(d)　重機械部門費はすべて人件費を含まない経費である。

第25回 問題

制限時間 90分　解答 88　解答用紙 8

第1問（20点）

次の問に解答しなさい。各問とも指定した字数以内で記入すること。

問1　国土交通省告示に示されている材料費の定義を説明しなさい。(200字以内)
問2　品質コストの分類について説明しなさい。(300字以内)

第2問（10点）

工事間接費の配賦に関する次の各文章は正しいか否か。正しい場合は「A」、正しくない場合は「B」を解答用紙の所定の欄に記入しなさい。

1．固定予算による予算差異は、基準操業度を前提として計算された予算額と実際発生額を比較して計算する。そのため、固定予算による予算差異を管理のために用いることはできない。
2．実査法変動予算の設定は、一定の基準となる操業度を中心として、予期される範囲内の種々の操業度を一定間隔に設け、各操業度に応ずる複数の工事間接費予算をあらかじめ算定列挙することによって行われる。
3．次期予定操業度、長期正常操業度および実現可能最大操業度の3つの基準操業度のうち、長期正常操業度と実現可能最大操業度は、生産条件だけを考慮して設定されるものである。
4．次期予定操業度とは、次の1年間に予想される操業度である。そのため、原価計算の主たる目的が予算管理にある場合には、次期予定操業度を基準操業度として選択するのが望ましい。
5．次期予定操業度を基準操業度として工事間接費の予定配賦を行うと、キャパシティが遊休したために発生するアイドルコストの一部が当該期間の生産品に配賦されることになる。

第3問（14点）

大森製作所では、請負工事について個別原価計算によって工事番号別に工事原価を算定している。経営管理に役立てるため、原価比例法による工事進行基準を適用して月次における請負工事利益を計上している。次の〈資料〉に基づいて、下記の設問に答えなさい。なお、前月から繰り越された請負工事はないものとする。

〈資料〉
1．請負工事データ

(単位：円)

工事番号	101	102	103	104	105
工事の契約金額（請負金額）	1,800,000	1,500,000	3,100,000	2,590,000	2,100,000
工事原価総額の見積額	1,480,000	1,200,000	2,760,000	2,100,000	1,750,000
備考	未完成	完成・引渡済	未完成	未完成	未完成

2．当月工事原価発生額

（単位：円）

工事番号	101	102	103	104	105
直接材料費	294,000	229,000	624,000	255,000	405,000
直接労務費	各自計算	各自計算	各自計算	各自計算	各自計算
製造間接費	各自計算	各自計算	各自計算	各自計算	各自計算

3．当月直接労務費および当月製造間接費を算出するためのデータ

	賃率（円／時間）	製造間接費予定配賦率（円／時間）	工事番号別直接作業時間				
			101（時間）	102（時間）	103（時間）	104（時間）	105（時間）
第一製造部門	1,200	4,100	—	—	60	50	40
第二製造部門	1,400	5,000	—	—	—	50	40
第三製造部門	1,200	4,800	40	40	50	—	—
第四製造部門	1,300	4,600	60	90	—	—	30

（注）製造間接費は直接作業時間を基準として予定配賦を行う。

問１　工事番号101の当月の請負工事利益を計算しなさい。

問２　工事番号102の当月の請負工事利益を計算しなさい。

問３　当月の請負工事利益総額を計算しなさい。

第4問 （16点）

神戸建機株式会社では、建設用機械を製造しているが、これに組み込む部品Ｐをこれまで自社で製造してきた。その生産量は月間1,000個である。当社は、現在、来月の予算を編成中である。いま、部品Ｐの製造業者から当該部品を単価￥3,000で来月よりすべて販売したいとの申し入れがあった。原価計算担当者に調べさせたところ、部品Ｐを生産するのに要する原価は、次の〈資料〉のとおりである。下記の設問に答えなさい。なお、計算の過程で端数が生じた場合は、円未満を四捨五入すること。

〈資料〉

1．部品Ｐ月産1,000個に対する製造原価明細

	総　額	単位原価
直接材料費	￥ 900,000	￥ 900
直接労務費	1,300,000	1,300
変動製造間接費	700,000	700
固定製造間接費	500,000	500
合　計	￥3,400,000	￥3,400

（注）製造間接費は直接作業時間を基準に配賦している。

2．部品Ｐを外部購入する場合は、検収のため新たに検収責任者が必要となり、そのためには月額200,000円が必要であると予想される。
3．部品Ｐの製造を中止した場合、労働力はすべて他の部門で転用できることが判明しており、これにより、他の部門の費用は月額250,000円節約できると見積もられている。
4．部品Ｐの製造を中止した場合、機械は転用できないため遊休となる。

問１　部品Ｐを外部購入したほうが自社製造する場合に比べて、月間総額でいくら有利または不利となるかを計算しなさい。有利な場合は「Ａ」、不利な場合は「Ｂ」を解答用紙の所定の欄に記入すること。

問２　〈資料〉３．と４．の条件を変更し、部品Ｐの製造を中止した場合、部品Ｐを現在製造している機械を用いて製品Ｑを生産することができるとする。次の〈追加資料〉を参考に、部品を外部購入し製品Ｑを生産するほうが、部品Ｐを自社製造する場合に比べて、月間総額でいくら有利または不利となるかを計算しなさい。有利な場合は「Ａ」、不利な場合は「Ｂ」を解答用紙の所定の欄に記入すること。

〈追加資料〉

製品Ｑの月間売上高は3,720,000円である。製品Ｑを製造する場合、部品Ｐを製造する場合に比べ月間総額で、直接材料費は30％、直接労務費と直接作業時間はそれぞれ20％増加する。

第5問（40点）

下記の〈資料〉は、秋田建設工業株式会社（当会計期間：平成×1年４月１日〜平成×2年３月31日）における平成×1年９月の工事原価計算関係資料である。次の設問に解答しなさい。月次で発生する原価差異は、そのまま翌月に繰り越す処理をしている。なお、計算の過程で端数が生じた場合は、円未満を四捨五入すること。

問１　当月の完成工事原価報告書を作成しなさい。ただし、収益の認識は工事完成基準を採用すること。

問２　当月末における未成工事支出金の勘定残高を計算しなさい。

問３　次の配賦差異について、当月末の勘定残高を計算しなさい。なお、それらの差異については、借方残高の場合は「Ａ」、貸方残高の場合は「Ｂ」を解答用紙の所定の欄に記入すること。

①　Ｑ材料の副費配賦差異　　②　運搬車両部門費予算差異

③　運搬車両部門費操業度差異

〈資料〉

1．当月の工事の状況

工事番号	着　工	竣　工
102	平成×1年２月	平成×1年９月
103	平成×1年４月	平成×1年９月
104	平成×1年９月	平成×1年９月
105	平成×1年９月	（未完成）

2．月初における前月繰越金額

⑴ 月初未成工事原価の内訳

（単位：円）

工事番号	材料費	労務費	外注費	経費（人件費）	合　計
102	183,000	115,000	155,000	45,300（35,300）	498,300
103	67,500	39,500	63,000	21,500（10,800）	191,500

（注）（　）の数値は、当該費目の内書の金額である。

⑵ 配賦差異の残高

Q材料の副費配賦差異　　¥1,200（借方残高）

運搬車両部門費予算差異　　¥　500（貸方残高）

運搬車両部門費操業度差異　¥　800（貸方残高）

3．当月の材料費に関する資料

⑴ P材料は特定工事用の引当資材であり、予定単価（1kg当たり¥5,000）を設定して工事原価に賦課している。当月の工事別現場投入量は次のとおりである。

（単位：kg）

工事番号	102	103	104	105	合　計
投入量	40	125	250	60	475

⑵ Q材料は常備資材であり、購入時に引取費用を実際額で材料の購入代価に加算し、内部材料副費を購入代価の5％の額で予定配賦し、材料の購入原価に算入している。当月の取引は次のとおりである。材料の消費単価の算定はその払出時点で先入先出法による実際購入原価で行っている。Q材料の月初有高はないものとする。なお、当月のQ材料の副費実際発生額は¥89,000であった。

9月5日　Q材料を100本、単価¥5,000で購入した。当社までのトラック運賃¥5,000は当社が負担する。

9月9日　Q材料を50本、103工事に投入した。

9月15日　Q材料を100本、単価¥6,000で購入した。当社までのトラック運賃¥10,000は当社が負担する。

9月18日　Q材料を120本、104工事に投入した。

9月24日　9月9日出庫分のうち30本が戻されてきた。

9月27日　Q材料を100本、単価¥7,000で購入した。当社までのトラック運賃¥5,000は当社が負担する。

9月28日　Q材料を150本、105工事に投入した。

4．当月の労務費に関する資料

当社では、Z作業について常雇作業員による専門工事を実施している。工事原価の計算には予定賃率（1時間当たり¥2,400）を使用している。9月の実際作業時間は次のとおりである。

（単位：時間）

工事番号	102	103	104	105	合　計
Z作業時間	9	24	36	41	110

5．当月の外注費に関する資料

当社の外注工事には、資材購入や重機械の提供を含むもの（一般外注）と労務提供を主体とするもの（労務外注）がある。工事別の当月実際発生額は次のとおりである。

（単位：円）

工事番号	102	103	104	105	合　計
一般外注	58,000	105,000	288,000	75,000	526,000
労務外注	165,500	255,500	337,000	172,200	930,200

（注）労務外注費は、月次の完成工事原価報告書の作成に当たっては、そのまま外注費として計上する。

6．当月の経費に関する資料

(1) 直接経費の内訳は次のとおりである。

（単位：円）

工事番号	102	103	104	105	合　計
労務管理費	45,900	87,500	108,000	41,800	283,200
従業員給料手当	54,800	109,500	125,000	42,300	331,600
法定福利費	8,500	15,440	15,200	4,500	43,640
福利厚生費	9,200	22,600	36,700	9,980	78,480
雑費他	25,330	35,400	42,000	24,900	127,630
計	143,730	270,440	326,900	123,480	864,550

(2) 役員であるＳ氏は一般管理業務に携わるとともに、施工管理技術者の資格で現場管理業務も兼務している。役員報酬のうち、担当した当該業務に係る分は、従事時間数により工事原価に算入している。また、工事原価と一般管理費の業務との間には等価係数を設定している。関係資料は次のとおりである。

(a) Ｓ氏の当月役員報酬額　¥600,000

(b) 施工管理業務の従事時間

（単位：時間）

工事番号	102	103	104	105	合　計
従事時間	—	10	50	20	80

(c) 役員としての一般管理業務は120時間であった。

(d) 業務間の等価係数（業務１時間当たり）は次のとおりである。

施工管理　1.5　　一般管理　1.0

(3) 当社の常雇作業員によるＺ作業に関係する経費を運搬車両部門費として、次の(a)の変動予算方式で計算する予定配賦率によって工事原価に算入している。関係資料は次のとおりである。

(a) 当会計期間について設定された変動予算の基準数値

基準運転時間　Ｚ労務作業　年間　1,200時間

変動費率（１時間当たり）　¥400　　固定費（年額）　¥960,000

(b) 当月の運搬車両部門費の実際発生額は¥136,000であった。

(c) 月次で許容される予算額の計算

ア．固定費　　月割経費とする。固定費から予算差異は生じていない。

イ．変動費　　実際時間に基づく予算額を計算する。

(d) 運搬車両部門費はすべて人件費を含まない経費である。

第26回 問題

制限時間 90分　解答 98　解答用紙 11

第1問（20点）　次の問に解答しなさい。各問とも指定した字数以内で記入すること。

問1　基本予算と実行予算の関係および実行予算の種類について説明しなさい。(200字以内)

問2　販売費及び一般管理費は注文獲得費、注文履行費、全般管理費の三つに機能別に区分されるが、それぞれの特質と予算管理の方法について説明しなさい。(300字以内)

第2問（10点）　次の文章は、わが国の『原価計算基準』11の「材料費計算」の部分から抜粋したものである。文中の［　　］の中に入るべき最も適切な用語を下記の〈用語群〉の中から選び、その記号（ア～チ）を解答用紙の所定の欄に記入しなさい。

(1) 直接材料費、補助材料費等であって、［ 1 ］を行う材料に関する原価は、各種の材料につき原価計算期間における実際の消費量にその消費価格を乗じて計算する。

(2) 材料の実際の消費量は、原則として［ 2 ］によって計算する。ただし、材料であって、その消費量を［ 2 ］によって計算することが困難なもの又はその必要のないものについては、［ 3 ］を適用することができる。

(3) 材料の［ 4 ］は、原則として実際の［ 4 ］とし、次のいずれかの金額によって計算する。

(a) 購入代価に買入手数料、引取運賃、荷役費、［ 5 ］料、関税等材料買入に要した引取費用を加算した金額。

(b) 購入代価に引取費用並びに購入事務、検収、整理、選別、手入、［ 6 ］等に要した費用(引取費用と合わせて以下これを「［ 7 ］」という。)を加算した金額。ただし、必要ある場合には、引取費用以外の［ 7 ］の一部を購入代価に加算しないことができる。

(4) 購入した材料に対して値引又は割戻等を受けたときには、これを材料の［ 4 ］から控除する。ただし、値引又は割戻等が材料消費後に判明した場合には、これを［ 8 ］の［ 4 ］から控除し、値引又は割戻等を受けた材料が判明しない場合には、これを当期の［ 7 ］等から控除し、又はその他適当な方法によって処理することができる。

〈用語群〉

ア	受入記録	イ	継続記録法	ウ	主要材料	エ	保険
オ	出入記録	カ	間接経費	キ	購入原価	ク	予定原価
コ	先入先出法	サ	棚卸計算法	シ	材料副費	ス	保管
セ	同種材料	ソ	逆計算法	タ	間接材料	チ	移動平均法

第3問
（18点）

伊野建工株式会社で使用するM機械は、各工事現場で共通に使用されている。その発生原価と生産能力に関する次の〈資料〉に基づいて、下記の設問に答えなさい。なお、計算の過程で端数が生じた場合、計算途中では四捨五入せず、最終数値の円未満を四捨五入すること。

〈資料〉

1．当社は、機械運転時間基準の予定配賦率を用いてM機械関係コストを配賦している。

2．当社で所有するM機械の台数は10台であり、１日の１台当たりの機械運転時間は８時間である。１年間の作業可能日数は250日であるが、年間2,000時間の機械整備等の不可避的な機械休止時間が生じる。

3．各年度のM機械予定運転時間は次のとおりであった。

第１年度	第２年度	第３年度	第４年度	第５年度
14,000時間	14,000時間	15,000時間	16,000時間	16,000時間

（注）M機械の運転は、第１年度初頭から開始されており、当期は第５年度である。

4．当社では公式法変動予算を採用している。実現可能最大操業度におけるM機械関係コストの変動費予算は5,400,000円、固定費予算は8,100,000円である。また、当期のM機械実際運転時間は15,500時間、M機械関係コストの実際発生額は12,925,000円であった。なお、固定費から予算差異は生じなかった。

問１　基準操業度として実現可能最大操業度を採用していた場合、当期の予定配賦額、予算差異および操業度差異を計算しなさい。なお、差異については、有利差異の場合は「A」、不利差異の場合は「B」を解答用紙の所定の欄に記入すること。（差異の記入については、以下の問も同様とする）

問２　基準操業度として長期正常操業度（５年間）を採用していた場合、当期の予定配賦額、予算差異および操業度差異を計算しなさい。

問３　基準操業度として次期予定操業度を採用していた場合、当期の予定配賦額、予算差異および操業度差異を計算しなさい。

第4問
（18点）

敦賀建設株式会社では、現在（20×0年度末）、既存設備を新設備に取り替えるか否かを検討中である。次の〈資料〉に基づいて、下記の設問に答えなさい。なお、計算の過程で端数が生じた場合、計算途中では四捨五入せず、最終数値の円未満を四捨五入すること。

〈資料〉

1．既存設備に関する資料

(1)　取得原価（取得後６年経過している）　45,000,000円

(2)　耐用年数の残り　３年

(3)　３年後の残存価額はゼロとして減価償却を行う。３年後の売却価額もゼロと予想される。

(4)　現在の売却価額　12,000,000円

(5)　年々の現金支出費用　30,000,000円

(6)　既存設備を新設備に取り替えた場合、既存設備の売却損が生じる。この売却損の税金に及ぼす影響は、現時点（20×0年度末）に計上する。

2．新設備に関する資料

⑴　取得原価　54,000,000円

⑵　耐用年数　3年

⑶　3年後の残存価額はゼロとして減価償却を行う。3年後の売却価額は1,000,000円であると予想される。

⑷　年々の現金支出費用　9,000,000円

3．共通の計算条件

⑴　キャッシュ・フローの税効果は年度末に発生する。

⑵　法人税率は30％である。なお、当社は今後3年間にわたり黒字企業である。

⑶　減価償却は定額法による。

⑷　税引後資本コスト率は8％である。計算にあたっては次の複利現価係数を用いること。

	1年	2年	3年
8％	0.926	0.857	0.794

問1　次の文の［　　］の中に入るべき数値を解答用紙の所定の欄に記入しなさい。なお、解答はすべて正の値で記入すること。

経済計算において税金の効果を考慮する場合、非現金支出費用の処理が重要である。本問の場合、年間減価償却費は、既存設備［ア］円、新設備［イ］円である。したがって、減価償却費を計上することにより、税金支払額を、既存設備では［ウ］円、新設備では［エ］円減らすことになる。既存設備を継続して用いる場合、既存設備を売却することにより生じる［オ］円の売却損を発生させないことになり、これによって節約される税金支払額［カ］円を犠牲にすることになる。

問2　新設備に取り替える場合、既存設備をそのまま用いる場合に比べていくら有利または不利になるかを正味現在価値法によって判定しなさい。有利の場合は「A」、不利の場合は「B」を記入すること。

第5問
（34点）

下記の〈資料〉は、別府建設工業株式会社（当会計期間：20×7年4月1日～20×8年3月31日）における20×7年6月の工事原価計算関係資料である。次の設問に解答しなさい。月次で発生する原価差異は、そのまま翌月に繰り越す処理をしている。なお、計算の過程で端数が生じた場合は、計算途中では四捨五入せず、最終数値の円未満を四捨五入すること。

問1　工事完成基準を採用して20×7年6月の完成工事原価報告書を作成しなさい。

問2　20×7年6月末における未成工事支出金の勘定残高を計算しなさい。

問3　次の配賦差異について当月末の勘定残高を計算しなさい。なお、それらの差異について、借方残高の場合は「A」、貸方残高の場合は「B」を解答用紙の所定の欄に記入すること。

①　重機械部門費予算差異　　②　重機械部門費操業度差異

〈資料〉

1．当月の工事の状況

工事番号	着　工	竣　工
701	前月以前	当月
702	前月以前	当月
703	当月	当月
704	当月	月末現在未成

2．月初における前月繰越金額

(1)　月初未成工事原価の内訳

（単位：円）

工事番号	材料費	労務費	外注費（労務外注費）	経費（人件費）	合　計
701	145,700	89,300	129,600（109,000）	82,330（54,900）	446,930
702	59,400	53,100	70,910（ 48,440）	31,800（28,640）	215,210
計	205,100	142,400	200,510（157,440）	114,130（83,540）	662,140

（注）（　）の数値は、当該費目の内書の金額である。

(2)　配賦差異の残高

重機械部門費予算差異　¥1,870（借方）　　重機械部門費操業度差異　¥800（貸方）

3．当月の材料費に関する資料

(1)　甲材料は常備材料で、材料元帳を作成して実際消費額を計算している。消費単価の計算について先入先出法を使用している。6月の材料元帳の記録は次のとおりである。

日　付	摘　要	単価（円）	数量（本）
6月1日	前月繰越	1,000	500
2日	購入	1,100	500
5日	704工事で消費		400
10日	購入	1,200	200
16日	702工事で消費		400
20日	戻り		50
21日	購入	1,300	250
22日	703工事で消費		600
30日	月末在庫		100

（注1）12日に10日購入分として、¥6,000の値引を受けた。

（注2）20日の戻りは5日出庫分である。戻りは出庫の取り消しとして処理し、戻り材料は次回の出庫のとき最初に出庫させること。

（注3）棚卸減耗は発生しなかった。

(2)　乙材料は仮設工事用の資材で、工事原価への算入はすくい出し法により処理している。当月の工事別関係資料は次のとおりである。

（単位：円）

工事番号	701	702	703	704
当月仮設資材投入額	38,200	（注）	39,100	40,200
仮設工事完了時評価額	14,800	9,250	29,200	（仮設工事未了）

（注）702工事の仮設工事は前月までに完了し、その資材投入額は前月末の未成工事支出金に含まれている。

4．当月の労務費に関する資料

当社では、重機械のオペレーターとして月給制の従業員を雇用している。基本給および基本手当については、原則として工事作業に従事した日数によって実際発生額を配賦している。ただし、特定の工事に関することが判明している残業手当は、当該工事原価に算入する。当月の関係資料は次のとおりである。

(1) 支払賃金（基本給および基本手当　対象期間５月25日～６月24日）　¥780,500
(2) 残業手当（702工事　対象期間６月25日～６月30日）　¥20,500
(3) 前月末未払賃金計上額　¥105,500
(4) 当月末未払賃金要計上額（ただし残業手当を除く）　¥106,000
(5) 工事従事日数

（単位：日）

工事番号	701	702	703	704	合　計
工事従事日数	3	5	10	7	25

5．当月の外注費に関する資料

当社の外注工事には、資材購入や重機械工事を含むもの（一般外注）と労務提供を主体とするもの（労務外注）がある。当月の工事別の実際発生額は次のとおりである。

（単位：円）

工事番号	701	702	703	704	合　計
一般外注	25,880	93,990	87,430	151,700	359,000
労務外注	20,100	68,560	77,980	141,110	307,750

（注）労務外注費は、完成工事原価報告書においては労務費に含めて記載することとしている。

6．当月の経費に関する資料

(1) 直接経費の内訳

（単位：円）

工事番号	701	702	703	704	合　計
動力用水光熱費	3,800	4,050	11,700	13,300	32,850
従業員給料手当	9,980	13,500	21,500	32,100	77,080
労務管理費	2,100	6,900	11,500	20,400	40,900
法定福利費	1,110	3,300	5,500	7,950	17,860
福利厚生費	3,340	8,200	10,100	15,600	37,240
事務用品費	1,100	4,090	4,700	9,900	19,790
計	21,430	40,040	65,000	99,250	225,720

(2) 役員であるW氏は一般管理業務に携わるとともに、施工管理技術者の資格で現場管理業務も兼務している。役員報酬のうち、担当した当該業務に係る分は、従事時間数により工事原価に算入している。また、工事原価と一般管理費の業務との間には等価係数を設定している。関係資料は次のとおりである。

(a) W氏の当月役員報酬額　¥597,800

(b)　施工管理業務の従事時間

（単位：時間）

工事番号	701	702	703	704	合　計
従事時間	5	10	35	30	80

(c)　役員としての一般管理業務は100時間であった。

(d)　業務間の等価係数（業務1時間当たり）は次のとおりである。

施工管理　1.2　　一般管理　1.0

(3)　工事に利用する重機械に関係する費用（重機械部門費）は、固定予算方式によって予定配賦することにしている。当月の関係資料は次のとおりである。

(a)　固定予算（月間換算）

基準重機械運転時間　180時間　　その固定予算額　¥216,000

(b)　工事別の使用実績

（単位：時間）

工事番号	701	702	703	704	合　計
従事時間	20	35	68	61	184

(c)　重機械部門費の当月実際発生額　¥222,000

(d)　重機械部門費はすべて人件費を含まない経費である。

第27回　問　題

制限時間 90分　解答 112　解答用紙 15

第1問（20点）

次の問に解答しなさい。各問ともに指定した字数以内で記入すること。

問１　コスト・コントロール（原価統制）の３つのプロセスを説明しなさい。（200字以内）
問２　建設業におけるABC（活動基準原価計算）の意義を説明しなさい。（300字以内）

第2問（10点）

次の文章のうち、わが国の原価計算基準または建設業法施行規則に照らして、正しい場合は「A」、正しくない場合は「B」を解答用紙の所定の欄に記入しなさい。

1．原価計算制度は、財務諸表の作成、原価管理、予算統制等の異なる目的が、重点の相違はあるが相ともに達成されるべき一定の計算秩序である。この原価計算制度は、財務会計機構のらち外において随時断片的に行われる原価の統計的、技術的計算ないし調査であり、財務会計機構と有機的に結びつき常時継続的に行われる計算体系のことではない。
2．原価の管理可能性に基づく分類とは、原価の発生が一定の管理者層によって管理しうるかどうかの分類であり、原価要素は、この分類基準によってこれを管理可能費と管理不能費とに分類する。下級管理者層にとって管理不能費であるものも、上級管理者層にとっては管理可能費となることがある。
3．個別原価計算は、種類を異にする製品を個別的に生産する生産形態に適用する。経営の目的とする製品の生産に際してのみでなく、自家用の建物、機械、工具等の製作または修繕、試験研究、試作、仕損品の補修、仕損による代品の製作等に際しても、これを特定指図書を発行して行う場合は、個別原価計算の方法によってその原価を算定する。
4．理想標準原価とは、技術的に達成可能な最大操業度のもとにおいて、最高能率を表わす最低の原価をいい、財貨の消費における減損、仕損、遊休時間等に対する余裕率を許容しない理想的水準における標準原価である。原価管理のために理想標準原価が用いられることがあるのみでなく、原価計算基準にいう制度としての標準原価でもある。
5．国土交通省告示によれば、労務費には、事務職員と工事に従事した直接雇用の作業員に対する賃金、給料および手当等、ならびに工種・工程別等の工事の完成を約する契約でその大部分が労務費であるものに基づく支払額が含められる。

第3問
(14点)

次の〈資料〉は、当月の初めに購入した大型クレーンに関するものである。下の設問に解答しなさい。なお、計算の過程で端数が生じる場合、計算途中では四捨五入せず、最終数値の円未満を四捨五入すること。

〈資料〉

1．社内損料計算に関する資料

(1) 取得価額（損料計算上の基礎価格） 各自計算すること

(2) 耐用年数 5年　償却費率 90%　減価償却方法 定額法

(3) 修繕・管理費の率 修繕費率 55%（耐用年数期間中）
　　管理費率 8%（年間）

(4) 使用の標準 年間標準供用日数 200日
　　年間標準運転時間 1,300時間

(5) 計算された損料 供用1日当たり損料 各自計算すること
　　運転1時間当たり損料 ¥2,100

ただし、両損料額の算定にあたって年当たり減価償却費の半額ずつをそれぞれ組み入れている。

2．大型クレーンは、当月、甲工事現場でのみ使用された。その実績は次のとおりである。
　供用日数 14日　運転時間 74時間

3．当月、大型クレーンに関連して発生した費用は次のとおりである。
　修繕・管理費 ¥132,550　減価償却費 月割経費

問1 甲工事現場への当月配賦額を計算しなさい。

問2 当月の損料差異を計算しなさい。なお、差異が配賦不足の場合は「X」、配賦超過の場合は「Y」を解答欄に記入すること。

第4問
(18点)

神戸建材株式会社は、甲製品、乙製品を製造販売しており、すべての原価要素について工程別組別総合原価計算（累加法）を採用している。次の〈資料〉に基づいて、下の設問に答えなさい。計算の過程で端数が生じた場合は、計算途中では四捨五入せず、最終数値の円未満を四捨五入すること。

〈資料〉

1．生産に関する資料

	第1工程		第2工程	
	甲製品	乙製品	甲製品	乙製品
月初仕掛品	500kg（20%）	400kg（25%）	400kg（50%）	600kg（40%）
当月投入または前工程受入	2,500kg	2,600kg	2,250kg	2,400kg
計	3,000kg	3,000kg	2,650kg	3,000kg
月末仕掛品	750kg（40%）	600kg（50%）	600kg（75%）	300kg（50%）
完成品	2,250kg	2,400kg	2,050kg	2,700kg

（ ）内は加工費進捗度を示す。

2．原価に関する資料

	第1工程		第2工程	
	甲製品	乙製品	甲製品	乙製品
⑴　月初仕掛品原価				
原材料費	195,000円	120,000円	—	—
組間接費	26,850円	12,000円	43,000円	32,300円
前工程費	—	—	238,250円	298,800円
⑵　組直接費				
原材料費	852,000円	834,000円	—	—

⑶　組間接費（加工費）は直接作業時間を基準に各製品に配賦しており、組間接費の直接作業時間1時間当たりの工程別製品別配賦率および直接作業時間は次のとおりである。

	第1工程		第2工程	
	甲製品	乙製品	甲製品	乙製品
間接費配賦率	750円	780円	900円	950円
直接作業時間	600時間	400時間	480時間	320時間

3．その他の計算条件

⑴　原材料はすべて第1工程始点において投入される。

⑵　月末仕掛品原価は平均法により評価する。

問1　各製品の第1工程月末仕掛品原価および第1工程当月完成品原価を求めなさい。

問2　各製品の第2工程月末仕掛品原価および当月完成品原価を求めなさい。

第5問
(38点)

下記の〈資料〉は、名古屋建設工業株式会社（当会計期間：20×1年4月1日～20×2年3月31日）における20×1年9月の工事原価計算関係資料である。次の設問に解答しなさい。月次で発生する原価差異は、そのまま翌月に繰り越す処理をしている。なお、計算の過程で端数が生じた場合は、計算途中では四捨五入せず、最終数値の円未満を四捨五入すること。

問1　当月の完成工事原価報告書を作成しなさい。ただし、収益の認識は工事完成基準を採用すること。

問2　当月末における未成工事支出金の勘定残高を計算しなさい。

問3　次の配賦差異について、当月末の勘定残高を計算しなさい。なお、それらの差異については、借方残高の場合は「A」、貸方残高の場合は「B」を解答用紙の所定の欄に記入すること。

①　P材料消費価格差異　　②　運搬車両部門費予算差異

③　運搬車両部門費操業度差異

〈資料〉

1．当月の工事の状況

工事番号	着　工	竣　工
102	20×1年２月	20×1年９月
103	20×1年４月	20×1年９月
104	20×1年９月	20×1年９月
105	20×1年９月	（未完成）

2．月初における前月繰越金額

⑴　月初未成工事原価の内訳

（単位：円）

工事番号	材料費	労務費	外注費	経費（人件費）	合　計
102	192,000	109,500	174,700	49,100（34,900）	525,300
103	72,700	42,100	66,500	24,900（11,800）	206,200

（注）（　）の数値は、当該費目の内書の金額である。

⑵　配賦差異の残高

Ｐ材料消費価格差異　　　¥1,900（貸方残高）
運搬車両部門費予算差異　¥　900（借方残高）
運搬車両部門費操業度差異　¥　600（貸方残高）

3．当月の材料費に関する資料

⑴　Ｐ材料は特定工事用の引当資材であり、当月の工事別購入（消費）量は次のとおりである。

（単位：kg）

工事番号	102	103	104	105	合　計
投入量	45	115	240	80	480

材料費の計算においては予定単価（１kg当たり¥4,500）を使用している。当月の実際購入（消費）金額は¥2,164,000であった。

⑵　Ｑ材料は常備材料で、材料元帳を作成して実際消費額を計算している。消費単価の計算について先入先出法を採用している。９月の材料元帳の記録は次のとおりである。

日　付	摘　要	数量（本）	単価（円）
９月１日	前月繰越	250	1,700（先に購入）
		150	1,800（後から購入）
７日	購入	250	1,900
８日	103工事へ払出し	300	
10日	仕入先への返品	50	
13日	購入	300	2,000
17日	105工事へ払出し	400	
20日	購入	250	2,080
22日	戻り	50	
27日	104工事へ払出し	300	
30日	月末在庫		

（注１）10日の返品は７日購入分である。通常の払出しと同様に処理する。
（注２）22日の戻りは17日出庫分である。戻りは出庫の取り消しとして処理し、戻り材料は次回の出庫のとき最初に出庫させること。
（注３）棚卸減耗は発生しなかった。

4．当月の労務費に関する資料

当社では、Z作業について常雇作業員による専門工事を実施している。工事原価の計算には予定賃率（１時間当たり¥2,500）を使用している。９月の実際作業時間は次のとおりである。

（単位：時間）

工事番号	102	103	104	105	合　計
Z作業時間	13	25	43	26	107

5．当月の外注費に関する資料

当社の外注工事には、資材購入や重機械の提供を含むもの（一般外注）と労務提供を主体とするもの（労務外注）がある。工事別の当月実際発生額は次のとおりである。

（単位：円）

工事番号	102	103	104	105	合　計
一般外注	62,500	112,000	301,000	93,000	568,500
労務外注	177,500	217,500	303,000	181,200	879,200

（注）労務外注費は、月次の完成工事原価報告書の作成に当たっては、そのまま外注費として計上する。

6．当月の経費に関する資料

⑴　直接経費の内訳は次のとおりである。

（単位：円）

工事番号	102	103	104	105	合　計
労務管理費	42,700	89,100	115,500	42,100	289,400
従業員給料手当	64,100	111,100	118,000	44,400	337,600
法定福利費	9,900	14,700	12,500	5,500	42,600
福利厚生費	8,500	21,500	34,900	8,880	73,780
雑費他	23,800	33,300	40,500	22,300	119,900
計	149,000	269,700	321,400	123,180	863,280

⑵　役員であるＳ氏は一般管理業務に携わるとともに、施工管理技術者の資格で現場管理業務も兼務している。役員報酬のうち、担当した当該業務に係る分は、従事時間数により工事原価に算入している。また、工事原価と一般管理費の業務との間には等価係数を設定している。関係資料は次のとおりである。

(a)　Ｓ氏の当月役員報酬額　¥594,000

(b)　施工管理業務の従事時間

（単位：時間）

工事番号	102	103	104	105	合　計
従事時間	10	20	50	20	100

(c) 役員としての一般管理業務は100時間であった。

(d) 業務間の等価係数（業務1時間当たり）は次のとおりである。

施工管理　1.2　　一般管理　1.0

(3) 当社の常雇作業員によるZ作業に関係する経費を運搬車両部門費として、次の(a)の変動予算方式で計算する予定配賦率によって工事原価に算入している。関係資料は次のとおりである。

(a) 当会計期間について設定された変動予算の基準数値

基準運転時間　Z労務作業　年間　1,200時間

変動費率（1時間当たり）　¥400　　固定費（年額）　¥1,080,000

(b) 当月の運搬車両部門費の実際発生額は¥141,000 であった。

(c) 月次で許容される予算額の計算

ア．固定費　　月割経費とする。固定費から予算差異は生じていない。

イ．変動費　　実際時間に基づく予算額を計算する。

(d) 運搬車両部門費はすべて人件費を含まない経費である。

第28回　問題

制限時間 90分　解答 124　解答用紙 19

第1問（20点）　次の問に解答しなさい。各問ともに指定した字数以内で記入すること。

問1　建設業の特性を一つ挙げたうえで、それが建設業の原価計算にどのような影響を与えているかを説明しなさい。(200字)

問2　予算編成のタイプのうち、天下り（トップダウン）型予算と積上げ（ボトムアップ）型予算を説明しなさい。なお、長所と短所についても言及すること。(300字)

第2問（10点）　次の文章は、1962年に発表されたわが国の『原価計算基準』の前文「原価計算基準の設定について」から抜粋したものである。文中の［　　］の中に入るべき最も適切な用語を下記の〈用語群〉の中から選び、その記号（ア～ナ）を解答用紙の所定の欄に記入しなさい。

わが国における原価計算は、従来、［ 1 ］を作成するに当たって真実の原価を正確に算定表示するとともに、［ 2 ］に対して資料を提供することを主たる任務として成立し、発展してきた。

しかしながら、近時、［ 3 ］のため、とくに業務計画および原価管理に役立つための原価計算への要請は、著しく強まってきており、今日原価計算に対して与えられる目的は、単一でない。すなわち、企業の原価計算制度は、真実の原価を確定して［ 1 ］の作成に役立つとともに、原価を分析し、これを［ 4 ］に提供し、もって業務計画および原価管理に役立つことが必要とされている。したがって、原価計算制度は、各企業がそれに対して期待する役立ちの程度において重点の相違はあるが、いずれの計算目的にもともに役立つように形成され、一定の計算秩序として［ 5 ］に行なわれるものであることを要する。ここに原価計算に対して提起される諸目的を調整し、原価計算を制度化するため、［ 6 ］としての原価計算基準が設定される必要がある。

原価計算基準は、かかる［ 6 ］として、わが国現在の企業における原価計算の慣行のうちから、一般に［ 7 ］と認められるところを要約して設定されたものである。

しかしながら、この基準は、個々の企業の原価計算手続を画一に規定するものではなく、個々の企業が有効な原価計算手続を規定し実施するための基本的なわくを明らかにしたものである。したがって、企業が、その原価計算手続を規定するに当たっては、この基準が［ 8 ］をもつものであることの理解のもとに、この基準にのっとり、業種、経営規模その他当該企業の個々の条件に応じて、実情に即するように適用されるべきものである。

この基準は、企業会計原則の一環を成し、そのうちとくに原価に関して規定したものである。

〈用語群〉

ア　基本計画	イ　臨時的	ウ　重要性	エ　損益計算書
オ　随時的	カ　経営管理者	キ　弾力性	ク　財務諸表
コ　価格計算	サ　外部利害関係者	シ　常時継続的	ス　貸借対照表
セ　公正妥当	ソ　実践規範	タ　経営管理	チ　原価計算理論
ト　硬直性	ナ　厳格性		

第3問（12点）

名古屋建設工業は、建設機械や資材等の運搬コストについて、保有車両X、Y、Zをコスト・センター化し、走行距離1km当たり車両費率（円／km）を予め算定し、これを用いて各現場に予定配賦している。次の〈資料〉によって、当月の各現場（No.403～No.406）への車両費配賦額を算定しなさい。なお、走行距離1km当たり車両費率の算定に際しては小数点第3位を四捨五入し、当月の各現場への車両費配賦額の算定に際しては円未満を四捨五入すること。

〈資料〉

1．走行距離1km当たり車両費率を算定するための資料

(1) 車両関係予算額

① 個別費

減価償却費 ￥2,050,000　修繕費 ￥333,500　燃料費 ￥1,222,600
税金 ￥290,000　保険料 ￥365,000

② 共通費

油脂代 ￥285,600　消耗品費 ￥348,390　福利厚生費 ￥226,250
雑費 ￥101,700

(2) 個別費の車両別内訳

（単位：円）

	車両X	車両Y	車両Z
減価償却費	1,025,000	410,000	615,000
修繕費	165,400	66,700	101,400
燃料費	489,400	366,700	366,500
税金	116,000	79,000	95,000
保険料	164,250	73,000	127,750

(3) 共通費の配賦基準と基準数値

	配賦基準	車両X	車両Y	車両Z
油脂代	走行距離	8,500km	8,700km	8,300km
消耗品費	車両重量	15 t	5 t	10 t
福利厚生費	関係人員	11人	5人	9人
雑費	減価償却費額	個別費の車両別内訳を参照のこと		

2．当月の現場別車両使用実績

（単位：km）

	車両X	車両Y	車両Z
No.403現場	126	135	265
No.404現場	220	190	—
No.405現場	63	—	195
No.406現場	315	385	305

（20点）

島根建材株式会社は、新製品である製品Pを新たに生産・販売する案（P投資案）および新製品である製品Qを新たに生産・販売する案（Q投資案）を検討している。製品Pと製品Qの製品寿命はいずれも５年であり、各年度の生産量と販売量は等しいとする。次の〈資料〉に基づいて、下の設問に答えなさい。なお、すべての設問について税金の影響を考慮すること。

〈資料〉

1．各製品に関する各年度の損益計算　（単位：千円）

	製品P	製品Q
売上高	4,020,000	1,060,000
変動売上原価	1,900,000	330,000
変動販売費	275,600	100,060
貢献利益	1,844,400	629,940
固定製造原価	1,294,000	350,000
固定販売費及び一般管理費	150,000	64,000
営業利益	400,400	215,940

2．設備投資に関する資料

製品Pを生産する場合は設備Pを、製品Qを生産する場合は設備Qをそれぞれ購入し使用する。設備Pの購入原価は4,500,000千円、設備Qの購入原価は1,200,000千円である。各設備の減価償却は、耐用年数５年、５年後の残存価額ゼロの定額法で行われる。各設備の耐用年数経過後の見積処分価額はゼロである。なお、法人税の計算では、減価償却費はすべて各年度の損金に算入される。

3．その他の計算条件

(1) 設備投資により、現金売上、現金支出費用、減価償却費が発生する。

(2) 各製品の各年度にかかわるキャッシュ・フローは、特に指示がなければ各年度末にまとめて発生するものとする。

(3) 今後５年間にわたり黒字が継続すると見込まれる。実効税率は30％である。

(4) 加重平均資本コスト率は８％である。計算に際しては、次の年金現価係数表（５年間）の中から適切なものを選んで使用すること。

1％	2％	3％	4％	5％	6％	7％	8％	9％	10％
4.8534	4.7135	4.5797	4.4518	4.3295	4.2124	4.1002	3.9927	3.8897	3.7908

(5) 解答に際して端数が生じるときは、金額については千円未満を切り捨て、年数については年表示で小数点第２位を四捨五入し、比率（％）については％表示で小数点第１位を四捨五入すること。

問１　各投資案の１年間の差額キャッシュ・フローを計算しなさい。ただし、貨幣の時間価値を考慮する必要はない。

問２　貨幣の時間価値を考慮しない回収期間法によって、各投資案の回収期間を計算しなさい。ただし、各年度の経済的効果が年間を通じて平均的に発生すると仮定して計算すること。

問３　平均投資額を分母とする単純投資利益率法（会計的利益率法）によって、各投資案の投資利益率を計算しなさい。

問4　正味現在価値法によって、各投資案の正味現在価値を計算しなさい。

第5問 (38点)

下記の〈資料〉は、宮古建設工業株式会社（当会計期間：20×0年4月1日〜20×1年3月31日）における20×0年6月の工事原価計算関係資料である。次の設問に解答しなさい。月次で発生する原価差異は、そのまま翌月に繰り越す処理をしている。なお、計算の過程で端数が生じた場合は、計算途中では四捨五入せず、最終数値の円未満を四捨五入すること。

問1　工事完成基準を採用して20×0年6月の完成工事原価報告書を作成しなさい。

問2　20×0年6月末における未成工事支出金の勘定残高を計算しなさい。

問3　次の配賦差異について当月末の勘定残高を計算しなさい。なお、それらの差異について、借方残高の場合は「A」、貸方残高の場合は「B」を解答用紙の所定の欄に記入すること。

①　材料副費配賦差異　　②　材料消費価格差異

③　重機械部門費予算差異　　④　重機械部門費操業度差異

〈資料〉

1．当月の工事の状況

工事番号	着　工	竣　工
402	前月以前	当月
502	前月以前	当月
601	当月	月末現在未成
602	当月	当月

2．月初における前月繰越金額

(1)　月初未成工事原価の内訳

（単位：円）

工事番号	材料費	労務費	外注費（労務外注費）	経費（人件費）	合　計
402	138,000	88,500	125,800（105,000）	79,300（55,500）	431,600
502	61,600	49,000	69,210（ 50,440）	32,400（27,100）	212,210
計	199,600	137,500	195,010（155,440）	111,700（82,600）	643,810

（注）（　）の数値は、当該費目の内書の金額である。

(2)　配賦差異の残高

材料副費配賦差異　¥1,400（借方）　材料消費価格差異　¥8,000（借方）

重機械部門費予算差異　¥1,200（借方）　重機械部門費操業度差異　¥2,100（貸方）

3．当月の材料費に関する資料

甲材料と乙材料は主要材料で、各材料とも消費価格は予定価格を用いており、予定価格の算出に当たっては購入代価にすべての材料副費を加算している。また、各材料の実際購入原価の計算に際して、外部材料副費は実際配賦を行い、内部材料副費は予定配賦率を使用し、これらを購入原価に算入している。

⑴　各材料の年間予定資料

	甲材料	乙材料
年間予定材料購入代価	5,932,800円	3,955,200円
年間外部材料副費予定額	490,560円	287,040円
年間内部材料副費予定額	494,400円	
年間予定材料購入数量	19,200kg	24,000kg

（注）内部材料副費予定額は予定材料購入代価を基準に各材料に配賦する。

⑵　当月の各材料の実際購入数量と実際購入代価

	甲材料	乙材料
当月実際材料購入数量	1,520kg	2,100kg
当月実際材料購入代価	463,600円	340,200円

⑶　当月の材料副費実際発生額

（単位：円）

	合　計	甲材料	乙材料
買入手数料	21,300	14,200	7,100
関税	20,095	材料購入代価に比例して発生する	
引取運賃	36,200	材料購入数量に比例して発生する	
検収費	43,700	(注)	

（注）内部材料副費は適切な配賦基準が得られないため、各材料とも購入代価の５％を予定配賦している。なお、材料の月初および月末の棚卸高はゼロである。

⑷　材料の当月の使用状況

（単位：kg）

工事番号	402	502	601	602	合　計
甲材料	532	228	380	380	1,520
乙材料	946	504	378	272	2,100

４．当月の労務費に関する資料

当社では、重機械のオペレーターとして月給制の従業員を雇用している。基本給および基本手当については、原則として工事作業に従事した日数によって実際発生額を配賦している。ただし、特定の工事に関することが判明している残業手当は、当該工事原価に算入する。当月の関係資料は次のとおりである。

⑴　支払賃金（基本給および基本手当　対象期間５月25日～６月24日）　¥805,000

⑵　残業手当（502工事　対象期間６月25日～６月30日）　¥22,000

⑶　前月末未払賃金計上額　¥101,400

⑷　当月末未払賃金要計上額（ただし残業手当を除く）　¥110,000

⑸ 工事従事日数

（単位：日）

工事番号	402	502	601	602	合　計
工事従事日数	5	8	6	5	24

5．当月の外注費に関する資料

当社の外注工事には、資材購入や重機械工事を含むもの（一般外注）と労務提供を主体とするもの（労務外注）がある。当月の工事別の実際発生額は次のとおりである。

（単位：円）

工事番号	402	502	601	602	合　計
一般外注	23,770	99,900	85,300	188,900	397,870
労務外注	19,300	69,200	74,010	150,330	312,840

（注）労務外注費は、完成工事原価報告書においては労務費に含めて記載している。

6．当月の経費に関する資料

⑴ 直接経費の内訳

（単位：円）

工事番号	402	502	601	602	合　計
動力用水光熱費	2,900	3,950	12,400	12,300	31,550
従業員給料手当	9,700	12,900	22,300	33,800	78,700
労務管理費	2,300	7,200	10,100	19,900	39,500
法定福利費	1,030	4,100	7,500	8,950	21,580
福利厚生費	2,340	4,200	10,200	14,500	31,240
雑　　費	1,200	4,150	4,400	6,600	16,350
計	19,470	36,500	66,900	96,050	218,920

⑵ 役員であるＳ氏は一般管理業務に携わるとともに、施工管理技術者の資格で現場管理業務も兼務している。役員報酬のうち、担当した当該業務に係る分は、従事時間数により工事原価に算入している。また、工事原価と一般管理費の業務との間には等価係数を設定している。関係資料は次のとおりである。

(a) Ｓ氏の当月役員報酬額　¥696,900

(b) 施工管理業務の従事時間

（単位：時間）

工事番号	402	502	601	602	合　計
従事時間	10	20	20	30	80

(c) 役員としての一般管理業務は110時間であった。

(d) 業務間の等価係数（業務１時間当たり）は次のとおりである。

施工管理　1.5　　一般管理　1.0

⑶ 工事に利用する重機械に関係する費用（重機械部門費）は、固定予算方式によって予定配賦している。当月の関係資料は次のとおりである。

(a) 固定予算（月間換算）

基準重機械運転時間　180時間　　その固定予算額　¥225,000

(b) 工事別の使用実績

（単位：時間）

工事番号	402	502	601	602	合　計
従事時間	40	64	48	33	185

(c) 重機械部門費の当月実際発生額　¥228,500

(d) 重機械部門費はすべて人件費を含まない経費である。

第29回 問題

制限時間 90分　解答 136　解答用紙 23

第1問（20点）

次の問に解答しなさい。各問ともに指定した字数以内で記入すること。

問１　原価計算制度と特殊原価調査の相違点について、①目的、②財務会計機構との関係、③実施の時期（頻度)、④主に用いる原価概念、の各側面から説明しなさい。(300字)

問２　建設業原価計算の特徴を一つ挙げて説明しなさい。(200字)

第2問（14点）

次の文章では、設備投資の意思決定に必要な損益計算の特徴を列挙している。文中の［　　］に入るべき最も適切な用語を下記の〈用語群〉の中から選び、その記号（ア～ネ）を解答用紙の所定の欄に記入しなさい。

1．会計単位（計算対象）は［ 1 ］である。

2．［ 2 ］損益計算を行い、それは計算期間における［ 3 ］から［ 4 ］を差し引くことによって行われる。

3．将来採るべき選択肢について財務の面での有利さを測定するための計算であるので、過去の現金収支は［ 5 ］される。

4．１年を超える長期にわたる計算を行うので、［ 6 ］価値を考慮した計算を行う必要がある。そのため、設備投資の意思決定モデルとしては正味現在価値法や［ 7 ］法が望ましい。

〈用語群〉

ア　回収期間	イ　配賦	ウ　部分	エ　時間
オ　原価	カ　製品	キ　加算	ク　利益
コ　投下資本利益率	サ　各投資案	シ　付加	ス　考慮
セ　期間	ソ　内部利益率	タ　現金収入	チ　現金支出
ト　企業	ナ　収益	ニ　全体	ネ　無視

第3問
（14点）

当社は、自動車購入の決定にあたって、A、B、Cの３車種を候補に挙げている。取得原価のみならず、登録料・保険料・ガソリン代・定期点検代を加算し残存処分価額を減算して算定されるトータル・コスト（ライフサイクル・コスト）が最小となる車種を選択するため、各車種に関して比較しうる情報を集めたところ、次の〈資料〉のとおりであった。これに基づいて、下の設問に答えなさい。いずれの問も法人税の影響を無視すること。

〈資料〉

	A車	B車	C車
取得原価	100万円	125万円	140万円
耐用年数	4年	4年	4年
残存処分価額（注）	10万円	12万円	15万円
登録料	30,000円／年	30,000円／年	30,000円／年
保険料	100,000円／年	120,000円／年	170,000円／年
走行距離	50,000km／年	50,000km／年	50,000km／年
燃費	10km／ℓ	12.5km／ℓ	20km／ℓ
ガソリン価格	100円／ℓ	100円／ℓ	100円／ℓ
定期点検間の走行距離	25,000km	27,000km	30,000km
定期点検代	30,000円／回	30,000円／回	30,000円／回

（注）耐用年数到来時の見積売却価額である。

ただし、上記のうち、取得原価は現時点（0年度末）に全額支出し、それ以外の各費用の支出は各年度末に一括して生じるものとする。また、問2における割引率は10%とし、計算の際に使用する現価係数は次のとおりとする。

	1年	2年	3年	4年
現価係数	0.9091	0.8264	0.7513	0.6830

問1　各車種（A～C）のトータル・コストを計算し、最も有利な車種を記入しなさい。なお、本問では貨幣の時間価値を無視すること。

問2　貨幣の時間価値を考慮して、B車のトータル・コストを計算しなさい。

第4問
（16点）

当社は、建築用資材の標準規格品Pのロット別加工を行っている。そのため、製造指図書に集計された原価を製品原価とする個別原価計算のうち、複数以上の同種製品をひとまとめ（＝1ロット）にして生産する場合に適用されるロット別の個別原価計算を採用している。4月中における次の〈資料〉に基づき、下の設問に答えなさい。

〈資料〉

1．原価標準（＝1個当たりの標準原価）

標準原価カード

直接材料費	@400円	8 kg	3,200円
直接労務費	@400円	4 時間	1,600円
製造間接費	@300円	4 時間	1,200円
計			6,000円

2．製造間接費予算（月間）

基準操業度　15,000直接作業時間

変動製造間接費予算　2,100,000円　　固定製造間接費予算　2,400,000円

3．材料実際消費量

＃401	＃402	＃403
8,800kg	11,000kg	7,500kg

4．材料の超過出庫量と戻入量

製造指図書が発行されると、その製造指図書で指示する製品全量の製造のために必要な材料標準消費量を倉庫から出庫している。材料が標準消費量を超えて消費される場合は、超過材料庫出請求書が発行され、この請求に基づいて標準消費量を超えた材料を出庫する。逆に材料の消費が標準消費量を下回った場合は材料戻入票とともに材料を倉庫に戻している。これらの書類による材料の超過出庫量と戻入量は次のとおりであった。

⑴　超過材料庫出請求書による超過材料消費量　　＃401　800kg　　＃403　1,100kg

⑵　材料戻入票による材料戻入量　　＃402　1,000kg

5．直接工実際賃金消費額

	＃401	＃402	＃403
実際直接労務費	1,566,720円	2,468,400円	726,240円
実際作業時間	3,840時間	6,050時間	1,780時間

6．製造間接費実際発生総額　4,028,500円

7．生産状況

⑴　＃401、＃402は4月中に完成したが、＃403は仕掛中である。＃403の4月末日における加工進捗度は、直接材料費については100％、加工費については50％であった。

⑵　月初時点での仕掛品は存在しなかった。

⑶　材料は受入時に価格差異を把握している。

問1　各指図書別に4月の実際生産量に対する標準原価を計算しなさい。

問2　解答用紙に示す各原価差異を計算しなさい。なお、有利な差異には「A」、不利な差異には「B」を金額の前のカッコの中に記入すること。

第5問
（36点）

下記の〈資料〉は、全日本建設工業株式会社（当会計期間：20×1年4月1日～20×2年3月31日）における20×1年9月の工事原価計算関係資料である。次の設問に解答しなさい。月次で発生する原価差異は、そのまま翌月に繰り越す処理をしている。なお、計算の過程で端数が生じた場合は、計算途中では四捨五入せず、最終数値の円未満を四捨五入すること。

問1　当月の完成工事原価報告書を作成しなさい。ただし、収益の認識は工事完成基準によること。
問2　当月末における未成工事支出金の勘定残高を計算しなさい。
問3　次の配賦差異について、当月末の勘定残高を計算しなさい。なお、それらの差異については、借方残高の場合は「A」、貸方残高の場合は「B」を解答用紙の所定の欄に記入すること。
①　運搬車両部門費予算差異　　②　運搬車両部門費操業度差異

〈資料〉
1．当月の工事の状況

工事番号	着　工	竣　工
102	20×1年3月	20×1年9月
103	20×1年5月	20×1年9月
104	20×1年9月	（未完成）
105	20×1年9月	20×1年9月

2．月初における前月繰越金額
(1)　月初未成工事原価の内訳

（単位：円）

工事番号	材料費	労務費	外注費	経費（人件費）	合　計
102	188,000	113,500	182,800	50,100（36,300）	534,400
103	74,100	44,400	65,500	25,500（12,200）	209,500

（注）（　）の数値は、当該費目の内書の金額である。

(2)　配賦差異の残高
運搬車両部門費予算差異　　¥1,200（貸方残高）
運搬車両部門費操業度差異　¥1,700（貸方残高）

3．当月の材料費に関する資料
(1)　甲材料は常備材料で、材料元帳を作成して実際消費額を計算している。消費単価の計算について移動平均法を使用している。当月の受払いに関する資料は次のとおりである。

日　付	摘　要	数量（本）	単価（円）
9月1日	前月繰越	25 15	17,000（先に購入） 18,000（後から購入）
6日	購入	25	19,000
9日	105工事へ払出し	30	
11日	仕入先への返品	5	
13日	購入	30	20,000
18日	102工事へ払出し	40	
21日	購入	25	20,800
22日	戻り	5	
27日	104工事へ払出し	30	
30日	月末在庫		

（注1）11日の返品は6日購入分である。通常の払出しと同様に処理する。仕入先への返品単価と材料元帳上の返品単価に差は生じなかった。

（注2）22日の戻りは18日出庫分である。戻りは出庫の取り消しとして処理する。

（注3）棚卸減耗は発生しなかった。

⑵　乙材料は仮設工事用の資材で、工事原価への算入はすくい出し法により処理している。当月の工事別関係資料は次のとおりである。

（単位：円）

工事番号	102	103	104	105
当月仮設資材投入額	44,100	（注）	40,500	41,400
仮設工事完了時評価額	13,600	9,880	（仮設工事未了）	28,000

（注）103工事の仮設工事は前月までに完了し、その資材投入額は前月末の未成工事支出金に含まれている。

4．当月の労務費に関する資料

当社では、Z作業について常雇作業員による専門工事を実施している。工事原価の計算には予定賃率（1時間当たり¥2,500）を使用している。9月の実際作業時間は次のとおりである。

（単位：時間）

工事番号	102	103	104	105	合　計
Z作業時間	15	23	46	20	104

5．当月の外注費に関する資料

当社の外注工事には、資材購入や重機械の提供を含むもの（一般外注）と労務提供を主体とするもの（労務外注）がある。工事別の当月実際発生額は次のとおりである。

（単位：円）

工事番号	102	103	104	105	合　計
一般外注	77,900	109,000	281,000	87,000	554,900
労務外注	178,200	239,800	293,000	186,200	897,200

（注）労務外注費は、月次の完成工事原価報告書の作成に当たっては、そのまま外注費として計上する。

6．当月の経費に関する資料

⑴ 直接経費の内訳は次のとおりである。

（単位：円）

工事番号	102	103	104	105	合　計
従業員給料手当	65,400	118,200	119,000	46,500	349,100
法定福利費	6,500	12,500	13,700	5,980	38,680
労務管理費	44,500	86,100	88,000	38,400	257,000
福利厚生費	8,100	20,500	33,900	7,980	70,480
雑　費　他	23,100	31,300	39,500	23,300	117,200
計	147,600	268,600	294,100	122,160	832,460

⑵ 役員であるＳ氏は一般管理業務に携わるとともに、施工管理技術者の資格で現場管理業務も兼務している。役員報酬のうち、担当した当該業務に係る分は、従事時間数により工事原価に算入している。また、工事原価と一般管理費の業務との間には等価係数を設定している。関係資料は次のとおりである。

(a) Ｓ氏の当月役員報酬額　¥644,000

(b) 施工管理業務の従事時間

（単位：時間）

工事番号	102	103	104	105	合　計
従事時間	10	20	50	20	100

(c) 役員としての一般管理業務は80時間であった。

(d) 業務間の等価係数（業務１時間当たり）は次のとおりである。

施工管理　1.5　　一般管理　1.0

⑶ 当社の常雇作業員によるＺ作業に関係する経費を運搬車両部門費として、次の(a)の変動予算方式で計算する予定配賦率によって工事原価に算入している。関係資料は次のとおりである。

(a) 当会計期間について設定された変動予算の基準数値

基準運転時間　Ｚ労務作業　年間　1,200時間

変動費率（１時間当たり）　¥450　　固定費（年額）　¥1,020,000

(b) 当月の運搬車両部門費の実際発生額は¥136,000であった。

(c) 月次で許容される予算額の計算

ア．固定費　　月割経費とする。固定費から予算差異は生じていない。

イ．変動費　　実際時間に基づく予算額を計算する。

(d) 運搬車両部門費はすべて人件費を含まない経費である。

第30回　問題

制限時間 90分　解答 150　解答用紙 27

第1問（20点）

次の問に解答しなさい。各問ともに指定した字数以内で記入すること。

問1　建設業における原価計算の目的を説明しなさい。（300字）

問2　VE（Value Engineering）の内容を説明しなさい。（200字）

第2問（10点）

個別原価計算と総合原価計算に関する次の文章のうち、正しい場合は「A」、正しくない場合は「B」を解答用紙の所定の欄に記入しなさい。

1．受注生産の場合、顧客の仕様に応じた製品を製造するために製造指図書が発行される。個別原価計算では、この製造指図書ごとに原価を集計していくことにより製品製造原価を計算する。

2．個別原価計算では、製造指図書に集計された原価が製品原価となるが、複数以上の同種製品をひとまとめ（＝１ロット）にして生産する場合に適用されるロット別個別原価計算の場合、あるロットの製品単位原価はそのロットの平均原価として算出される。

3．個別原価計算では、ある製品の完成までに４か月かかったとすれば、４か月間にわたってその製品製造のために発生した原価が当該製品の製造指図書に集計されて、製品原価となる。したがって、その４か月の間に、会計期間の期末が到来した場合、その製品の仕掛品原価は計算できない。

4．総合原価計算は標準製品を大量に見込生産する企業に適しているといわれる。総合原価計算を採用している企業では、製造指図書は発行されず、一定期間に標準製品を製造するために発生した原価を集計する。

5．総合原価計算を採用する場合、製品単位原価は、一定期間に標準製品を製造するために発生した原価をその期間内に生産された製品生産量で割った平均原価として計算される。

第3問（20点）

鉄筋工事を請負う当社は、第１部門と第２部門で工事を実施している。また、各施工部門に共通して補助的なサービスを提供している修繕部門、運搬部門および管理部門を独立させて、部門ごとの原価管理を実施している。次の〈資料〉にもとづいて、下の設問に答えなさい。なお、計算の過程で端数が生じた場合は、各補助部門費の配賦すべき金額の計算結果の段階で円未満を四捨五入すること。

〈資料〉

1．各原価部門における当月の部門固有費実際発生額は次のとおりである。

（単位：円）

	施工部門		補助部門		
	第1部門	第2部門	修繕部門	運搬部門	管理部門
固定費	3,080,000	2,580,000	438,800	376,000	400,000
変動費	1,640,000	1,920,000	360,000	1,224,000	200,000
合計	4,720,000	4,500,000	798,800	1,600,000	600,000

2．修繕部門の用役提供能力の規模は、長期平均的な用役消費量に合わせて決定されている。各施工部門および運搬部門の平均操業度のもとで必要となる修繕作業時間（年間）および当月における実際修繕作業時間は次のとおりである。

	平均操業度	実際修繕作業時間
第1部門	1,268時間	99時間
第2部門	812時間	81時間
運搬部門	314時間	9時間
	2,394時間	189時間

3．運搬部門の用役提供能力の規模は、完全操業度に消費される用役を提供できるように決定されている。各施工部門および修繕部門の実際的生産能力のもとでの運搬距離（年間）および当月における実際運搬距離は次のとおりである。

	実際的生産能力	実際運搬距離
第1部門	1,500km	120km
第2部門	1,200km	60km
修繕部門	300km	20km
	3,000km	200km

4．各部門における従業員数および実際作業時間は次のとおりである。なお、従業員数は、管理部門用役の消費能力を示すものであり、また、管理部門の変動費は、当社全体の作業時間数に応じて発生する。

	第1部門	第2部門	修繕部門	運搬部門	管理部門
従業員数	50人	30人	10人	10人	4人
作業時間数	9,000時間	7,000時間	2,000時間	2,000時間	700時間

5．補助部門費は、階梯式配賦法により各関係部門に配賦している。

問1　補助部門の固定費と変動費を一括して用役消費量基準によって配賦する場合の補助部門費配賦表を作成しなさい。ただし、補助部門費の配賦の順番は、解答用紙に示したとおりとする。

問2　補助部門の固定費と変動費とを区別し、それぞれ適切な配賦基準によって配賦する場合の補助部門費配賦表を作成しなさい。ただし、補助部門費の配賦の順番は、解答用紙に示したとおりとする。また、補助部門の固定費は消費部門にとっても固定費、変動費は消費部門にとっても変動費として処理すること。

第4問
（18点）

当社は、建設用資材を量産しているが、これに取り付ける部品Ｐも自製している。最近、部品Ｐについて外部購入してはどうかという意見が出ており、これに関連して各種の代替案が提出された。そこで次の〈資料〉に基づいて、下の設問に答えなさい。なお、計算の過程で端数が生じた場合は、計算途中では四捨五入せず、最終数値の円未満を四捨五入すること。

〈資料〉

1．部品Ｐの月産2,000個に対する製造原価明細は次のとおりである。

直接材料費	7,000,000円
直接労務費	13,000,000円
製造間接費	10,000,000円（うち、固定費5,200,000円）
合　計	30,000,000円

（注）製造間接費は直接作業時間を基準に配賦している。

2．部品Ｐの購入単価は13,000円であるが、外部購入を行うと新たに検収担当者が必要となる。検収担当者を雇用していくための費用は月額1,800,000円と予想される。

3．部品Ｐの製造を中止した場合、直接労務費は他に有効に転用しうる。また、製造間接費には機械減価償却費1,200,000円が含まれており、かかる機械は修繕部に転用でき、この場合、転用先では同種機械の賃借料月額1,300,000円が節約できる。

問1　自製か外部購入かのどちらが財務の面で有利であるかを計算する原価計算目的として最も適切なものを次の中から選び、その記号（ア～カ）を解答用紙の所定の欄に記入しなさい。

ア　原価管理目的　　イ　製品原価計算目的　　ウ　構造的意思決定目的
エ　利益管理目的　　オ　業務的意思決定目的　　カ　価格計算目的

問2　本問における機械の賃借料節約額は、自製案の選択にとって、いかなる原価といえるか。最も適切なものを次の中から選び、その記号（ア～キ）を解答用紙の所定の欄に記入しなさい。

ア　直接費　　イ　製造間接費　　ウ　予算原価　　エ　機会原価
オ　埋没原価　　カ　見積原価　　キ　個別費

問3　部品Ｐを月間2,000個外部購入したほうが、自製する場合に比べて、月間総額でいくら有利または不利かを答えなさい。有利な場合は「X」、不利な場合は「Y」を解答用紙の所定の欄に記入すること。

問4　部品Ｐと同じ設備を用いて製品甲（売上高32,770,000円）を生産できるものとする。製品甲を生産する場合、部品Ｐを生産するのに比べ直接材料費は25%、直接労務費は20%、直接作業時間は20%増加する。部品Ｐを外部購入し製品甲を生産するほうが、部品Ｐを生産する場合に比べて、月間総額でいくら有利または不利かを答えなさい。有利な場合は「X」、不利な場合は「Y」を解答用紙の所定の欄に記入すること。

第5問
（32点）

下記の〈資料〉は、新日本建設工業株式会社（当会計期間：20×2年4月1日～20×3年3月31日）における20×2年11月の工事原価計算関係資料である。次の設問に解答しなさい。なお、計算の過程で端数が生じた場合は、計算途中では四捨五入せず、最終数値の円未満を四捨五入すること。

問1　解答用紙の工事原価計算表を作成しなさい。

問2　当社では、当月（11月）に開始した508工事については、工事進行基準を採用することを検討している。進捗度の計算について原価比例法を採用することとして、当月末の508工事の工事進行基準に基づく完成工事高を計算しなさい。なお、508工事の関係資料は次のとおりである。

工事収益総額　¥1,800,000　　見積工事原価総額　¥1,550,000

問3　当月の重機械運搬費の配賦差異を計算し、それを予算差異と操業度差異に分解しなさい。なお、それらの差異については、有利差異は「A」、不利差異は「B」を解答用紙の所定の欄に記入すること。

〈資料〉

1．受注工事の状況

工事番号	着　工	竣　工
506	20×1年12月	20×2年11月
507	20×2年2月	20×2年11月
508	20×2年11月	（未完成）
509	20×2年11月	（未完成）

2．月初未成工事原価の内訳

（単位：円）

工事番号	材料費	労務費	外注費	経　費
506	148,550	70,130	108,110	37,990
507	46,440	15,990	35,420	13,330

3．当月の材料費に関する資料

(1)　A材料は、汎用の常備資材である。消費単価は、その払出時点で先入先出法を適用して計算している。当月の受払いに関するデータは次のとおりである。

日　付	摘　要	単　価	個　数
11月1日	前月繰越	@¥1,700	60個
11日	仕入れ	@¥1,800	350個
13日	507工事で消費		270個
17日	509工事で消費		125個
20日	仕入れ	@¥1,780	250個
29日	508工事で消費		208個

⑵　B材料は、工事用の引当材料で、予定購入単価（1kg当たり￥2,900）を設定しているが、工事現場への投入時には材料副費を5％（予定率）加算して工事原価に賦課している。また、当月の工事別現場投入量は次のとおりである。

（単位：kg）

工事番号	506	507	508	509
投入量	27	50	36	28

（注）506工事においては、当月投入のB材料について最終的に2kgの残材が発生した。これは今後の工事で再利用する予定である。

4．当月の労務費に関する資料

当社では、C作業とD作業について常雇従業員による専門工事を実施している。両作業は補完的な作業であるため、労務費計算としては実際発生額をC作業とD作業の平均賃率で工事に賦課している。当月の関係データは次のとおりである。

⑴　工事別実際作業時間

（単位：時間）

工事番号	506	507	508	509
C作業	10	31	25	16
D作業	13	42	29	20

⑵　当月賃金手当実際発生額

C作業　￥147,750　　D作業　￥181,470

5．当月の外注費に関する資料

当月の外注費として工事台帳に計上した金額は次のとおりである。

工事番号	506	507	508	509
発生額（円）	185,110	291,250	249,880	195,110

このうち次の金額は、外部に委託した施工管理・安全管理業務の支払報酬であったため、その他経費として処理する。

工事番号	506	507	508	509
発生額（円）	31,770	74,470	69,220	44,880

6．経費に関する資料

⑴　当月、工事台帳に記帳した直接経費は解答用紙の工事原価計算表に示すとおりである。

⑵　当社の重機械移動に関する運搬の費用は、作業員を常雇するD作業に関係しており、重機械運搬費として予定配賦法（変動予算方式）を採用している。関係の資料は次のとおりである。なお、固定費から予算差異は生じていない。

ア．当月の変動予算

固定費予算（月額）　￥107,100

変動費率（D労務作業1時間当たり）　@￥880

基準作業時間（D労務作業）　102時間

イ．当月の重機械運搬費実際発生額　￥198,880

(3) 完了した工事については、契約に従い当月中に顧客に引渡しを実施した。その契約に規定される受注者負担の注文履行に伴う次の費用は、販売費及び一般管理費に計上しているが、その他経費として処理することとする。

工事番号	506	507	508	509
発生額（円）	38,320	40,050	—	—

第31回 問題

制限時間 90分　解答 163　解答用紙 31

第1問（20点）

次の問に解答しなさい。各問ともに指定した字数以内で記入すること。

問1　工事レベルの実行予算の三つの機能について説明しなさい。(300字)

問2　設備投資の経済性を評価する方法の一つである内部利益率法について説明しなさい。(200字)

第2問（14点）

次の文章の［　　］の中に入れるべき最も適切な用語を下記の〈用語群〉の中から選び、その記号（ア〜ネ）を解答用紙の所定の欄に記入しなさい。

1. わが国の『原価計算基準』では、「原価管理とは、原価の標準を設定してこれを指示し、原価の実際の発生額を計算記録し、これを標準と比較して、その差異の原因を分析し、これに関する資料を経営管理者に報告し、［ 1 ］を増進する措置を講ずること」と定義されている。ここでの原価管理は、標準原価計算による［ 2 ］を意味する。
2. 原価標準とは製品単位当たりの標準原価であり、標準原価は原価標準に［ 3 ］を乗じて算出される。
3. 原価標準は、原則として［ 4 ］標準と［ 5 ］標準との両面を考慮して算定する。原単位管理または歩掛管理の観点からは［ 4 ］標準が特に重視される。
4. 原価標準は、財貨の消費量を科学的、統計的調査に基づいて能率の尺度となるように予定し、かつ［ 6 ］または正常価格をもって計算した原価をいう。ここで能率の尺度としての標準とは、その標準が適用される期間において達成されるべき原価の目標を意味する。
5. 標準原価はそのタイトネス（厳格さ）を基礎に、理想標準原価、［ 7 ］、［ 8 ］に分類される。［ 7 ］は、良好な能率のもとにおいて、その達成が期待されうる原価である。［ 8 ］は、経営における異常な状態を排除し、経営活動に関する比較的長期にわたる過去の実際数値を統計的に平準化し、これに将来のすう勢を加味した正常能率、正常操業度および正常価格に基づいて決定される原価である。

〈用語群〉

ア　実際価格	イ　予定価格	ウ　標準価格	エ　物量
オ　価格	カ　実際生産量	キ　計画生産量	ク　正常生産量
コ　事前原価	サ　事後原価	シ　正常原価	ス　見積原価
セ　現実的標準原価	ソ　基準標準原価	タ　当座標準原価	チ　原価能率
ト　作業効率	ナ　原価統制	ニ　原価企画	ネ　コスト・マネジメント

第3問
（12点）

当社におけるM資材の購入と現場搬入に関する次の〈資料〉に基づいて、下の設問に答えなさい。なお、副費配賦差異については、月次ではそのまま繰り越す処理をしている。

〈資料〉
1．M資材の当月購入額（送り状価額）　¥8,400,000
2．M資材の当月現場搬入額（送り状価額ベース）
　　鉄筋工事用　¥7,700,000　　共通仮設工事用　¥655,000
　なお、当月中にすべて現場で利用されている。
3．M資材に関する当月副費実際発生額　¥393,750
4．前月末におけるM資材の棚卸高（材料副費を含む）　¥304,500
5．M資材に対する副費の配賦方法　購入時に送り状価額に対して５％を予定配賦する。
6．前月末におけるM資材に対する副費配賦差異の次月繰越高　¥2,950（借方残高）

問１　直接工事費に算入されるM資材費を計算しなさい。
問２　次月に繰り越すM資材の金額を計算しなさい。
問３　M資材について当月の副費配賦差異の勘定残高を計算し、借方差異の場合は「Ａ」、貸方差異の場合は「Ｂ」を解答用紙の所定の欄に記入しなさい。

第4問
（20点）

Ｚ製品を製造販売している当社では、従来使用してきた設備の一部が古くなったので、その代替として設備Ａと設備Ｂのどちらを20×2年度期首から導入すべきかを検討している。次の〈資料〉に基づいて、下記の設問に答えなさい。なお、計算の過程で端数が生じた場合は、最終数値の段階で、製品の個数については１個未満の端数を切り上げ、金額については円未満を四捨五入しなさい。また、問２以降の設問では、税金の影響を考慮して解答すること。

〈資料〉
1．設備Ａの購入原価は30,000,000円、設備Ｂの購入原価は24,000,000円であり、20×1年度期末に現金で支払われる。いずれの設備も、耐用年数３年、残存価額ゼロの定額法で減価償却を20×2年度期末から行う。
2．設備Ａ、設備Ｂを使用して製造販売されるＺ製品の販売価格は単価20,000円、Ｚ製品の製造販売個数は毎年同じであり、すべて現金売上である。
3．設備Ａ、設備Ｂの使用に伴って発生する関連原価（Ｚ製品１個当たり変動費、年間発生固定費）は次のように見積もられている。

	設備Ａ		設備Ｂ	
	変動費	年間固定費	変動費	年間固定費
材料費	8,000円	―	9,500円	―
経費	2,000円	3,000,000円	2,500円	2,000,000円
合計	10,000円	3,000,000円	12,000円	2,000,000円

上記の費用はすべて現金支出費用であり、固定費の中に減価償却費は含まれていない。

4．当社は今後３年間にわたり黒字が継続すると見込まれる。実効税率は40％である。
5．税引後資本コストは６％であり、割引計算に際しては次の年金現価係数を使用すること。

	6％
3年	2.673

6．各年度におけるキャッシュ・フローは、各年度末にまとめて発生するものと仮定する。

問1　設備ＡでＺ製品を製造販売する場合の次の金額を計算しなさい。
　⑴　製品１個当たり限界利益（貢献利益）
　⑵　企業会計において費用に計上される年間個別固定費総額
問2　設備Ａを使用してＺ製品2,000個を毎年製造販売するものと仮定した場合の次の金額を計算しなさい。
　⑴　Ｚ製品製造販売に関わる１年間のネット・キャッシュ・インフロー
　⑵　Ｚ製品製造販売に関わる３年間のネット・キャッシュ・インフローの現在価値合計
　⑶　正味現在価値
問3　設備Ａを使用してＺ製品を製造販売するものと仮定する。
　⑴　１年間のＺ製品の製造販売個数をＸとすると、１年間のネット・キャッシュ・インフローはいくらになるか。その計算式を示しなさい。
　⑵　Ｚ製品製造販売に関わる３年間のネット・キャッシュ・インフローの現在価値合計はいくらになるか。その計算式を示しなさい。
　⑶　正味現在価値が正（プラス）となる（設備投資の採算がとれるようになる）のは１年間何個以上のＺ製品を製造販売したときからかを計算しなさい。
　なお、⑴と⑵の計算式については、最も簡単にした式を示すこと。
問4　設備Ｂを使用してＺ製品を製造販売する場合、設備Ｂへの投資の正味現在価値が正（プラス）となる（設備投資の採算がとれるようになる）のは１年間何個以上のＺ製品を製造販売したときからかを計算しなさい。
問5　⑴　設備Ａ、設備Ｂへの投資の経済性の優劣が逆転するのは、１年間の製造販売量が何個以上のときからかを計算しなさい。
　⑵　製造販売量が⑴の個数以上になるとどちらへの投資が有利になるかを示しなさい。

第5問
（34点）

下記の〈資料〉は、X建設工業株式会社（当会計期間：20×8年4月1日～20×9年3月31日）における20×8年10月の工事原価計算関係資料である。次の設問に解答しなさい。月次で発生する原価差異は、そのまま翌月に繰り越す処理をしている。なお、計算の過程で端数が生じた場合は、円未満を四捨五入すること。

問1　工事完成基準を採用して当月の完成工事原価報告書を作成しなさい。

問2　当月末における未成工事支出金の勘定残高を計算しなさい。

問3　次の配賦差異について当月末の勘定残高を計算しなさい。なお、それらの差異について、借方残高の場合は「A」、貸方残高の場合は「B」を解答用紙の所定の欄に記入すること。

①　重機械部門費予算差異　　②　重機械部門費操業度差異

〈資料〉

1．当月の工事の状況

工事番号	着　工	竣　工
801	前月以前	当月
802	前月以前	当月
803	当月	月末現在未成
804	当月	当月

2．月初における前月繰越金額

⑴　月初未成工事原価の内訳

（単位：円）

工事番号	材料費	労務費	外注費（労務外注費）	経費（人件費）	合　計
801	142,100	90,500	127,700（105,000）	83,110（55,200）	443,410
802	60,500	52,200	71,330（ 49,550）	32,900（27,900）	216,930
計	202,600	142,700	199,030（154,550）	116,010（83,100）	660,340

（注）（　）の数値は、当該費目の内書の金額である。

⑵　配賦差異の残高

重機械部門費予算差異　¥1,450（貸方）　　重機械部門費操業度差異　¥1,200（貸方）

3．当月の材料費に関する資料

⑴　甲材料は常備材料で、材料元帳を作成して実際消費額を計算している。消費単価の計算について先入先出法を使用している。10月の材料元帳の記録は次のとおりである。

日　付	摘　要	単価（円）	数量（単位）
10月1日	前月繰越	10,000	40
3日	購入	11,000	60
6日	802工事で消費		50
11日	購入	12,000	30
16日	804工事で消費		60
19日	戻り		5
22日	購入	13,000	40
24日	803工事で消費		60
31日	月末在庫		5

（注1）12日に11日購入分として、¥12,000の値引を受けた。
（注2）19日の戻りは6日出庫分である。戻りは出庫の取り消しとして処理し、戻り材料は次回の出庫のとき最初に出庫させること。
（注3）棚卸減耗は発生しなかった。

(2)　乙材料は仮設工事用の資材で、工事原価への算入はすくい出し法により処理している。当月の工事別関係資料は次のとおりである。

（単位：円）

工事番号	801	802	803	804
当月仮設資材投入額	（注）	35,000	39,100	38,400
仮設工事完了時評価額	10,500	16,500	（仮設工事未了）	22,600

（注）801工事の仮設工事は前月までに完了し、その資材投入額は前月末の未成工事支出金に含まれている。

4．当月の労務費に関する資料

当社では、重機械のオペレーターとして月給制の従業員を雇用している。基本給および基本手当については、原則として工事作業に従事した日数によって実際発生額を配賦している。ただし、特定の工事に関することが判明している残業手当は、当該工事原価に算入する。当月の関係資料は次のとおりである。

(1)　支払賃金（基本給および基本手当　対象期間9月25日～10月24日）　¥795,000
(2)　残業手当（802工事　対象期間10月25日～10月31日）　¥22,000
(3)　前月末未払賃金計上額　¥110,600
(4)　当月末未払賃金要計上額（ただし残業手当を除く）　¥96,850
(5)　工事従事日数

（単位：日）

工事番号	801	802	803	804	合　計
工事従事日数	4	6	7	8	25

5．当月の外注費に関する資料

当社の外注工事には、資材購入や重機械工事を含むもの（一般外注）と労務提供を主体とするもの（労務外注）がある。当月の工事別の実際発生額は次のとおりである。

（単位：円）

工事番号	801	802	803	804	合　計
一般外注	25,600	98,700	89,460	155,500	369,260
労務外注	19,000	67,500	78,200	140,000	304,700

（注）労務外注費は、完成工事原価報告書においては労務費に含めて記載することとしている。

6．当月の経費に関する資料

(1) 直接経費の内訳

（単位：円）

工事番号	801	802	803	804	合　計
動力用水光熱費	4,000	5,900	10,700	14,300	34,900
従業員給料手当	9,800	15,900	20,800	33,300	79,800
労務管理費	2,200	7,700	10,100	21,400	41,400
法定福利費	1,050	3,600	6,700	7,450	18,800
福利厚生費	3,500	8,600	9,060	15,800	36,960
事務用品費	1,300	4,200	3,100	9,800	18,400
計	21,850	45,900	60,460	102,050	230,260

(2) 役員であるＺ氏は一般管理業務に携わるとともに、施工管理技術者の資格で現場管理業務も兼務している。役員報酬のうち、担当した当該業務に係る分は、従事時間数により工事原価に算入している。また、工事原価と一般管理費の業務との間には等価係数を設定している。関係資料は次のとおりである。

(a) Ｚ氏の当月役員報酬額　￥682,000

(b) 施工管理業務の従事時間

（単位：時間）

工事番号	801	802	803	804	合　計
従事時間	14	22	14	30	80

(c) 役員としての一般管理業務は100時間であった。

(d) 業務間の等価係数（業務１時間当たり）は次のとおりである。

施工管理　1.5　　一般管理　1.0

(3) 工事に利用する重機械に関係する費用（重機械部門費）は、固定予算方式によって予定配賦している。当月の関係資料は次のとおりである。

(a) 固定予算（月間換算）

基準重機械運転時間　180時間　　その固定予算額　￥225,000

(b) 工事別の使用実績

（単位：時間）

工事番号	801	802	803	804	合　計
従事時間	15	60	50	60	185

(c) 重機械部門費の当月実際発生額　￥232,000

(d) 重機械部門費はすべて人件費を含まない経費である。

第32回　問　題

制限時間 90分　解答 174　解答用紙 35

第1問（20点）

次の問に解答しなさい。各問ともに指定した字数以内で記入すること。

問１　財務諸表作成目的のために実施される実際原価計算制度の３つの計算ステップについて説明しなさい。(250字)

問２　標準原価の種類を改訂頻度の観点から説明しなさい。(250字)

第2問（10点）

次の文章の［　　］の中に入るべき最も適切な用語を下記の〈用語群〉の中から選び、その記号（ア～タ）を解答用紙の所定の欄に記入しなさい。

(1)　補助部門の［ 1 ］とは、補助経営部門が相当の規模になった場合に、これを独立した経営単位とし、部門別計算上、施工部門として扱うことと解釈される。

(2)　間接費の配賦に際して、数年という景気の１循環期間にわたってキャパシティ・コストを平均的に吸収させせようとする考えで選択された操業水準を［ 2 ］という。

(3)　経費のうち、従業員給料手当、退職金、［ 3 ］および福利厚生費を人件費という。

(4)　個別原価計算における間接費は、原則として、［ 4 ］率をもって各指図書に配賦する。

(5)　補助部門費の施工部門への配賦方法のうち、補助部門間のサービスの授受を計算上すべて無視して配賦計算を行う方法を［ 5 ］という。

〈用語群〉

ア	実際配賦	イ	相互配賦法	ウ	変動予算	エ	実現可能最大操業度
オ	長期正常操業度	カ	実行予算	キ	施工部門化	ク	予定配賦
コ	変動予算	サ	法定福利費	シ	階梯式配賦法	ス	労務管理費
セ	社内センター化	ソ	直接配賦法	タ	次期予定操業度		

第3問
（14点）

当社の大型クレーンに関する損料計算用の〈資料〉は次のとおりである。下の設問に解答しなさい。なお、計算の過程で端数が生じた場合は、計算途中では四捨五入せず、最終数値の円未満を四捨五入すること。

〈資料〉

1．大型クレーンは本年度期首において￥32,000,000（基礎価格）で購入したものである。

2．耐用年数８年、償却費率90％、減価償却方法は定額法を採用する。

3．大型クレーンの標準使用度合は次のとおりである。

年間運転時間　1,000時間　　年間供用日数　200日

4．年間の管理費予算は、基礎価格の７％である。

5．修繕費予算は、定期修繕と故障修繕があるため、次のように設定する。損料計算における修繕費率は、各年平均化するものとして計算する。

修繕費予算１～３年度　各年度　￥2,100,000
　　　　　４～８年度　各年度　￥2,500,000

6．初年度３月次における大型クレーンの現場別使用実績は次のとおりである。

	供用日数	運転時間
M現場	４日	15時間
N現場	12日	58時間
その他の現場	３日	14時間

7．初年度３月次の実績額は次のとおりである。

管理費　￥210,500　　修繕費　￥402,500　　減価償却費は月割経費である。

問１　大型クレーンの運転１時間当たり損料額と供用１日当たり損料額を計算しなさい。ただし、減価償却費については、両損料額の算定にあたって年当たり減価償却費の半額ずつをそれぞれ組み入れている。

問２　問１の損料額を予定配賦率として利用し、M現場とN現場への配賦額を計算しなさい。

問３　初年度３月次における大型クレーンの損料差異を計算しなさい。なお、有利差異の場合は「A」、不利差異の場合は「B」を解答用紙の所定の欄に記入すること。

第4問
(20点)

当社では、新製品である製品Nを新たに生産・販売する案（N投資案）を検討している。製品Nの製品寿命は5年であり、各年度の生産量と販売量は等しいとする。次の〈資料〉に基づいて、下の設問に答えなさい。なお、すべての設問について税金の影響を考慮すること。また、製品Nの各年度にかかわるキャッシュ・フローは、特に指示がなければ各年度末にまとめて発生するものとする。

〈資料〉

1．製品Nに関する各年度の損益計算　（単位：千円）

	製品N
売上高	4,000,000
変動売上原価	1,800,000
変動販売費	275,000
貢献利益	1,925,000
固定製造原価	1,250,000
固定販売費及び一般管理費	150,000
営業利益	525,000

2．設備投資に関する資料

製品Nを生産する場合は設備Nを購入し使用する。設備Nの購入原価は5,000,000千円である。設備Nの減価償却費の計算は、耐用年数5年、5年後の残存価額ゼロの定額法で行われる。設備Nの耐用年数経過後の見積処分価額はゼロである。なお、法人税の計算では、減価償却費はすべて各年度の損金に算入される。

3．その他の計算条件

(1)　設備投資により、現金売上、現金支出費用、減価償却費が発生する。

(2)　今後5年間にわたり黒字が継続すると見込まれる。実効税率は30％である。

(3)　加重平均資本コスト率は10％である。計算に際しては、次の現価係数を使用すること。

1年	2年	3年	4年	5年	合計
0.9091	0.8264	0.7513	0.6830	0.6209	3.7907

(4)　解答に際して端数が生じるときは、最終の解答数値の段階で、金額については千円未満を切り捨て、年数については年表示で小数点第2位を四捨五入し、比率（％）については％表示で小数点第1位を四捨五入すること。

問1　N投資案の1年間の差額キャッシュ・フローを計算しなさい。ただし、貨幣の時間価値を考慮する必要はない。

問2　貨幣の時間価値を考慮しない回収期間法によって、N投資案の回収期間を計算しなさい。ただし、各年度の経済的効果が年間を通じて平均的に発生すると仮定すること。

問3　平均投資額を分母とする単純投資利益率法（会計的利益率法）によって、N投資案の投資利益率を計算しなさい。

問4　正味現在価値法によって、N投資案の正味現在価値を計算しなさい。

問5　問2において、貨幣の時間価値を考慮する場合、N投資案の割引回収期間を計算しなさい。

第5問（36点）

下記の〈資料〉は、当社（当会計期間：20×7年4月1日～20×8年3月31日）における20×7年7月の工事原価計算関係資料である。次の設問に解答しなさい。なお、計算の過程で端数が生じた場合は、計算途中では四捨五入せず、最終数値の円未満を四捨五入すること。

問1　当会計期間の車両部門費の配賦において使用する走行距離1km当たり車両費予定配賦率（円/km）を計算しなさい。

問2　工事完成基準を採用して、当月の工事原価計算表を作成しなさい。

問3　次の原価差異の当月発生額を計算しなさい。なお、それらについて、有利差異の場合は「A」、不利差異の場合は「B」を解答用紙の所定の欄に記入すること。

① 材料副費配賦差異　② 労務費賃率差異　③ 重機械部門費操業度差異

〈資料〉

1．当月の請負工事の状況

工事番号	工事着工	工事竣工
781	20×7年2月	20×7年7月
782	20×7年3月	20×7年7月
783	20×7年7月	20×7年7月
784	20×7年7月	7月末現在未成

2．月初未成工事原価の内訳

（単位：円）

工事番号	材料費	労務費	外注費（労務外注費）	経　費	合　計
781	102,220	55,070	94,700（22,910）	33,620	285,610
782	62,570	23,780	35,000（15,370）	20,930	142,280

（注）（　）の数値は、当該費目の内書の金額である。

3．当月の材料費に関する資料

(1)　A材料は仮設工事用の資材で、工事原価への算入はすくい出し法により処理している。当月の工事別関係資料は次のとおりである。

（単位：円）

工事番号	781	782	783	784
当月仮設資材投入額	（注）	37,680	41,390	38,200
仮設工事完了時評価額	12,600	12,660	25,470	仮設工事未了

（注）781工事の仮設工事は前月までに完了しており、その資材投入額は前月末の未成工事支出金に含まれている。

⑵　B材料は工事引当材料で、当月の工事別引当購入額は次のとおりである。当月中に残材は発生していない。

（単位：円）

工事番号	781	782	783	784	合　計
引当購入額（送り状価格）	67,000	140,000	147,000	199,000	553,000

B材料の購入については、購入時に３％の材料副費を予定配賦して工事別の購入原価を決定している。当月の材料副費実際発生額は¥14,480であった。

4．当月の労務費に関する資料

当社では、専門工事のC作業について常雇従業員による工事を行っている。この労務費計算については予定平均賃率法を採用しており、当月の労務作業１時間当たり賃率は¥2,600である。当月の工事別労務作業時間は次のとおりである。なお、当月の労務費実際発生額は¥333,300であった。

（単位：時間）

工事番号	781	782	783	784	合　計
労務作業時間	20	33	38	34	125

5．当月の外注費に関する資料

当社では専門工事のD工事とE工事を外注している。D工事は重機械提供を含むもの（一般外注）であり、E工事は労務提供を主体とするもの（労務外注）である。工事別当月実績発生額は次のとおりである。

（単位：円）

工事番号	781	782	783	784	合　計
D工事（一般外注）	47,109	69,880	195,200	111,900	424,089
E工事（労務外注）	24,100	58,310	48,210	28,450	159,070

労務外注費について、月次の工事原価計算表においても、建設業法施行規則に従って表記することとしている。

6．当月の経費に関する資料

⑴　車両部門費の配賦については、会計期間中の正常配賦を考慮して、原則として年間を通じて車両別の同一の配賦率（車両費予定配賦率）を使用することとしている。

①　当会計期間の走行距離１km当たり車両費予定配賦率を算定するための資料

(a)　車両個別費の内訳

（単位：円）

摘　要	車両F	車両G
減価償却費	125,000	139,000
修繕管理費	68,000	72,000
燃　料　費	101,000	123,000
税・保険料	35,690	44,810

(b) 車両共通費

油脂関係費 183,000円 消耗品費 126,000円 福利厚生費 97,300円

雑費 66,000円

(c) 車両共通費の配賦基準と配賦基準数値

摘 要	配賦基準	車両F	車両G
油脂関係費	予定走行距離（km）	680	820
消耗品費	車両重量（t）×台数	16	12
福利厚生費	運転者人員（人）	3	4
雑費	減価償却費（円）	個別費の車両別内訳を参照のこと	

② 当月の現場別車両使用実績（走行距離）

（単位：km）

工事番号	781	782	783	784	合 計
車両F	1	11	25	20	57
車両G	5	17	23	23	68

③ 車両部門費はすべて経費として処理する。

(2) 常雇従業員による専門工事のC作業に係る重機械部門費の配賦については、変動予算方式の予定配賦法を採用している。当月の関係資料は次のとおりである。固定費から予算差異は生じていない。

① 基準作業時間（月間） C労務作業 130時間

② 変動予算 固定費 月額 ¥56,550

変動費 作業1時間当たり ¥216

③ 当月の実際発生額 ¥83,220

(3) その他の工事経費については、請負工事全体を管理する出張所において一括して把握し、これを工事規模等を勘案した次の係数によって配賦している。

① 出張所経費 当月発生額 ¥98,600

② 配賦の係数

工事番号	781	782	783	784	合 計
配賦係数	25	50	60	35	170

解答・解答への道編

この解答例は、当社編集部で作成したものです。

第23回 解答

問題 ▶ 2

第1問 20点　解答にあたっては、それぞれ250字以内（句読点を含む）で記入すること。

問1

経費は把握方法により、支払経費、月割経費、測定経費、発生経費に分類できる。❷支払経費とは、支払の事実に基づいてその発生額を測定する経費である。❷月割経費とは、1事業年度あるいは1年といった比較的長い期間の全体についてその発生額が測定される場合に、これを通常の原価計算期間である1ヵ月に割り当てられる経費である。❷測定経費とは、原価計算期間における消費量を備え付けの計器類で測定し、それを基礎にその期間の金額を決定する経費である。❷発生経費とは、原価計算期間中の発生額でしかその消費分を測定できない経費である。❷

問2

直接工事費は、見積等の事前原価計算において使用されることが多い概念であり、純工事費のうち、共通仮設費を除いた工事費の中心部分であることを意味する。❸これに対して、工事直接費は、原価計算の計算対象（建設業においては各工事）との関連性分類における工事間接費（現場共通費）の対立概念である。すなわち、工事直接費は、各工事に対して直接的に認識される原価である。❸よって、直接工事費の直接性は作業内容についてのものであり、工事直接費の直接性は原価計算処理上のものである点において、両者は本質的に相違する。❹

第2問　10点

記号 （AまたはB）	1	2	3	4	5	
	B	A	A	A	B	各❷

第3問　14点

問1

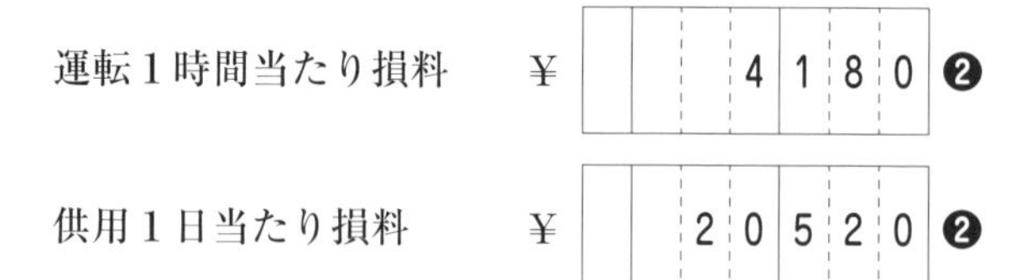

問2

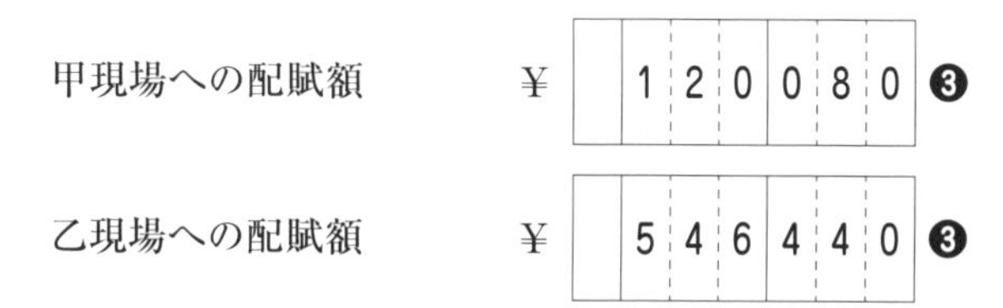

問3

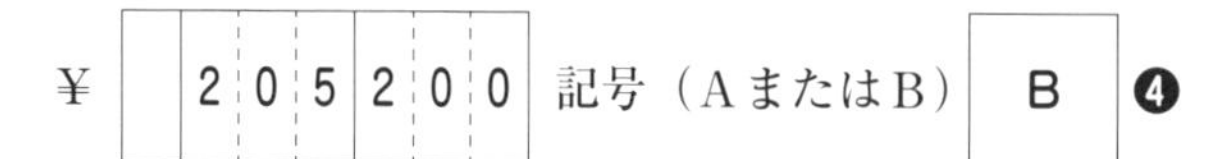

第4問　16点

問1

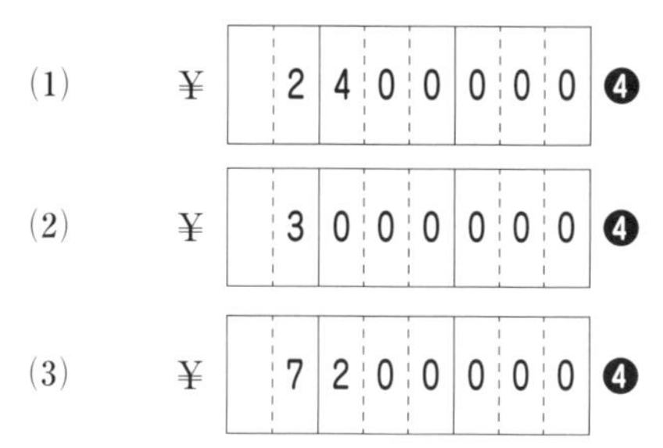

問2

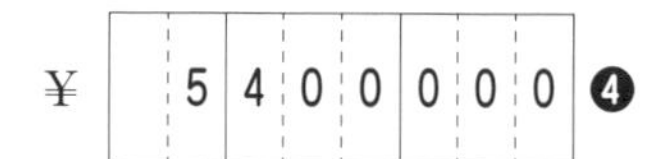

第5問 40点

問1

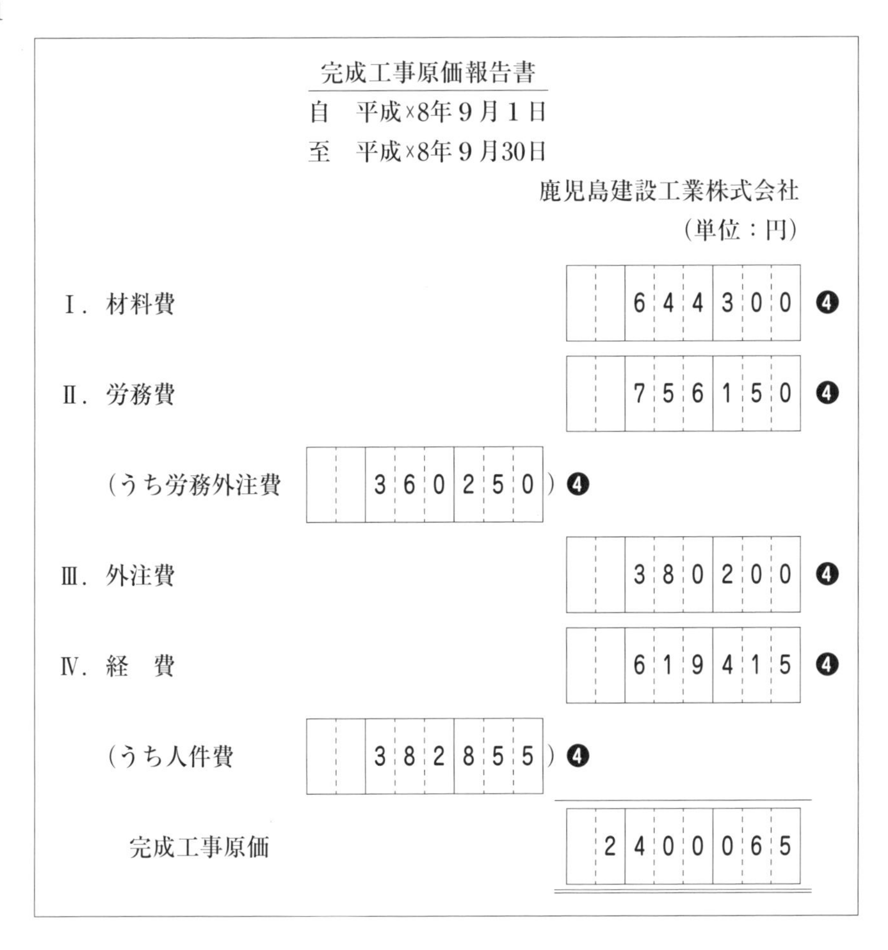

完成工事原価報告書

自　平成×8年9月1日

至　平成×8年9月30日

鹿児島建設工業株式会社

（単位：円）

Ⅰ．材料費		644300	❹
Ⅱ．労務費		756150	❹
（うち労務外注費	360250 ）❹		
Ⅲ．外注費		380200	❹
Ⅳ．経　費		619415	❹
（うち人件費	382855 ）❹		
完成工事原価		2400065	

問2

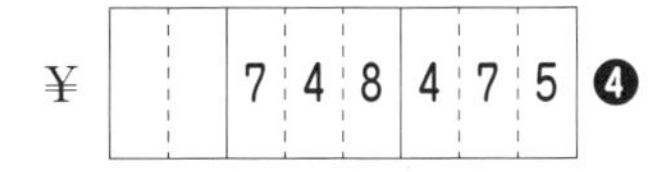

¥ 748475 ❹

問3

① 賃率差異	¥ 8550	記号（AまたはB）	A	❹
② 重機械部門費予算差異	¥ 6070	記号（同　上）	A	❹
③ 重機械部門費操業度差異	¥ 1500	記号（同　上）	A	❹

●数字…予想配点

第1問 ● 記述問題

問1 経費の４つの把握方法

経費はその把握方法（測定方法）によって、支払経費、月割経費、測定経費、発生経費の４つに分類される。

(1) 支払経費

支払経費とは、支払の事実に基づいてその発生額を測定する費目である。運賃、通信交通費、交際費、事務用品費等がこれに該当する。建設業固有の費目では、機械等経費の中で外部業者への修繕費、設計費の中で外部設計料等がこの支払経費に属する。

(2) 月割経費

月割経費とは、１事業年度あるいは１年といった比較的長い期間の全体についてその発生額が測定し、これを通常の原価計算期間である１ヵ月に割り当てたものである（日割をすべきものもこの中に含まれる）。減価償却費、保険料、租税公課、賃借料等がこれに該当する。

(3) 測定経費

測定経費とは、原価計算期間における消費額を備え付けの計器類によって測定し、それを基礎にしてその期間の経費額を決定するものをいう。電力料、ガス代、水道料等がこれに属する。

(4) 発生経費

発生経費とは、原価計算期間中の発生額をもってしか、その消費分を測定できないものである。例えば、貯蔵物品が保管中にいろいろな理由によって減耗した場合、この価値減少分である棚卸減耗費は、支払その他の測定方法で把握できないものである。

問2 直接工事費と工事直接費の相違

直接工事費は、見積等の事前原価計算において使用されることが多い概念であり、純工事費のうち共通仮設費を除いた工事費の中心部分である。よって、直接工事費の直接性は、作業内容についてのものである。

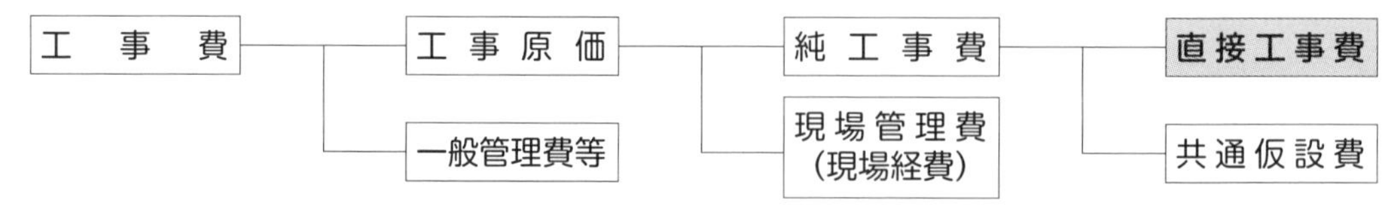

一方、工事直接費は、原価計算の計算対象（建設業においては各工事）との関連性分類において、工事間接費が、各工事に対して直接的に認識されない原価であるのに対して、工事直接費は、各工事に対して直接的に認識される原価である。よって、工事直接費の直接性は、原価計算処理上のものである。

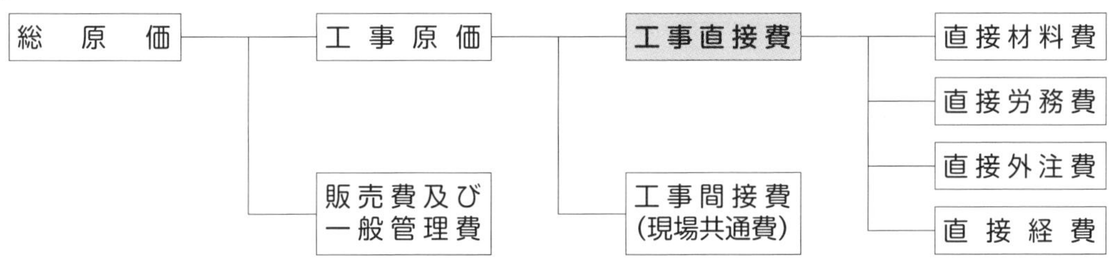

第2問●正誤問題

1．×　個別原価計算における間接費は、原則として、予定配賦率（または正常配賦率）をもって各指図書に配賦する。間接費の配賦方法として、実際配賦法、予定配賦法および正常配賦法がある。このうち実際配賦法は、期間での実際間接費額が確定しなければ、各指図書への配賦が行えないこと（計算の遅延）や、繁忙期と閑散期では配賦額に格差が生じてしまう（季節的変動）といった欠点がある。したがって、計算の迅速性および配賦の正確性の観点から、間接費の配賦は、予定配賦または正常配賦が原則となる。

2．○　『原価計算基準36』より、個別原価計算において、作業くずは、これを総合原価計算の場合に準じて評価し、その発生部門の部門費から控除する。ただし、必要ある場合には、これを当該製造指図書の直接材料費又は製造原価から控除することができる。

3．○　『原価計算基準47』より、予定価格等が不適当なため、比較的多額の原価差異が生ずる場合、直接材料費、直接労務費、直接経費及び製造間接費に関する原価差異の処理は、個別原価計算の場合、次の方法のいずれかによる。

・当年度の売上原価と期末における棚卸資産に指図書別に配賦する。

・当年度の売上原価と期末における棚卸資産に科目別に配賦する。

4．○　材料貯蔵品とは、手持ちの工事用材料及び消耗工具器具等並びに事務用消耗品等のうち未成工事原価、完成工事原価又は販売費及び一般管理費として処理されなかったものである（建設業法施行規則別記様式第15号及び16号の国土交通大臣の定める勘定科目の分類より）。

5．×　補助部門間のサービスの授受を計算上すべて無視する方法は直接配賦法である。

第3問●大型クレーンの損料計算

問1　損料の計算

1．運転1時間当たり損料額

減価償却費の半額と修繕費予算を年間運転時間で割って求める。

修繕費予算（年額）：(2,000,000円×４年＋2,400,000円×４年)÷８年＝2,200,000円

(31,680,000円÷８年÷２＋2,200,000円)÷1,000時間＝**4,180円/時間**

（31,680,000円÷８年÷２：減価償却費の半額 1,980,000円、2,200,000円：修繕費予算）

2．供用１日当たり損料額

減価償却費の半額と管理費予算を年間供用日数で割って求める。

年間の管理費予算：31,680,000円×８％＝2,534,400円

(31,680,000円÷８年÷２＋2,534,400円)÷220日＝**20,520円/日**

減価償却費の半額 1,980,000円　　管理費予算

問２　各工事への配賦額

甲現場：20,520円/日×３日＋4,180円/時間×14時間＝**120,080円**

乙現場：20,520円/日×14日＋4,180円/時間×62時間＝**546,440円**

問３　初年度２月次の損料差異

予定配賦額：20,520円/日×（３日＋14日＋２日）＋4,180円/時間×（14時間＋62時間＋８時間）

＝741,000円

実際発生額：220,700円＋395,500円＋31,680,000円÷８年÷12ヵ月＝946,200円

管理費　　修繕費　　減価償却費（月割）330,000円

損料差異：741,000円－946,200円＝(－)**205,200円**（不利差異：B）

第４問 ● 各改善案による経済的効果

問１　好況時の改善による経済的効果

(1)　不良品の数を現状より１割減らすことができる場合

現状では、生産量が80,000単位、販売量が72,000単位（＝80,000単位×90％）である。不良品の数を現状より１割減らすことにより、生産量は80,000単位、不良品は7,200単位（＝80,000単位×９％）となり、販売量は72,800単位（＝80,000単位－7,200単位）となる。よって、現状に比べて販売量が800単位増加することになる。

経済的効果：@3,000円×800単位＝**2,400,000円**

(2)　保全・修理・段取りなどの時間を１割減らすことができる場合

現状では、機械運転時間160時間で生産量が80,000単位であることから、機械運転時間１時間当たり500単位（＝80,000単位÷160時間）である。保全・修理・段取りなどの時間を１割減らすことにより、機械運転時間は164時間（＝200時間－40時間×90％）となり、生産量は82,000単位（＝164時間×500単位)、販売量は73,800単位（＝82,000単位×90％）となる。よって、現状に比べて生産量は2,000単位増加し、販売量は1,800単位増加することになる。

経済的効果：@3,000円×1,800単位－(@900円＋@300円)×2,000単位＝**3,000,000円**

(3)　材料の消費量を１割減らすことができる場合

生産量および販売量は現状と変わりないが、材料費については生産量１単位につき@90円（＝@900円×10％）の節約となる。

経済的効果：@90円×80,000単位＝**7,200,000円**

問２　不況時の改善による経済的効果

需要（販売量）が月間54,000単位のとき、生産量は60,000単位（＝54,000単位÷90％）である。この条件のもとで、材料費について生産量１単位につき@90円（＝@900円×10％）の節約となる。

経済的効果：@90円×60,000単位＝**5,400,000円**

第5問 ● 総合問題

工事原価計算表

平成×8年9月1日～平成×8年9月30日　　(単位：円)

	801工事	802工事	803工事	804工事	合　計
月初未成工事原価	482,590※	201,730	——	——	684,320
当月発生工事原価					
1．材料費					
(1)X材料費	——	159,000	162,000	228,000	549,000
(2)Y材料費	——	27,600	40,400	11,000	79,000
材料費計	——	186,600	202,400	239,000	628,000
2．労務費					
(1)S工事労務費	39,900	71,250	137,750	133,950	382,850
(2)労務外注費	19,500	53,400	77,500	144,700	295,100
労務費計	59,400	124,650	215,250	278,650	677,950
3．外注費	29,880	97,550	99,600	193,200	420,230
4．経　費					
(1)直接経費	3,740	13,540	21,400	43,500	82,180
(2)人件費	14,840	105,900	132,825	188,895	442,460
(3)重機械部門費	12,000	21,600	42,000	40,800	116,400
(4)現場管理費	10,000	18,000	35,000	34,000	97,000
経 費 計	40,580	159,040	231,225	307,195	738,040
当月完成工事原価	612,450	769,570	——	1,018,045	2,400,065
月末未成工事原価	——	——	748,475	——	748,475

※　資料3(2)より、801工事の月初未成工事原価（493,790円）からY材料の仮設工事完了時評価額（11,200円）を控除する。

1．材料費

⑴　X材料費（常備材料）

資料3⑴より、先入先出法によって各工事の消費額を計算する。

受入	払出	計算
1日　前月繰越	8日（804工事）	
@500円	300本	
300本		804工事：@500円×300本＋@520円×（200本－50本）
4日　購入	200本	＝228,000円
@520円	21日 戻り△50本	
300本	17日（802工事）	
	100本	802工事：@520円×100本＋@535円×200本＝159,000円
12日　購入	200本	
@535円※	24日（803工事）	
300本	21日 戻り　50本	
	100本	803工事：@520円×50本＋@535円×100本
22日　購入	150本	＋@550円×150本＝162,000円
@550円	次月繰越　150本	
300本		

※　（@540円×300本－1,500円）÷300本＝@535円

⑵　Y材料費（仮設工事用の資材）

資料3⑵より、すくい出し法により処理するため、仮設工事完了時評価額を控除する。なお、801工事については、月初未成工事原価の材料費166,000円（資料2⑴）から控除する。

802工事：39,900円－12,300円＝27,600円

803工事：40,400円

804工事：39,000円－28,000円＝11,000円

2．労務費

⑴　S工事労務費

資料4より、予定経常賃率（@3,800円）を各工事の実際の工事従事時間に掛けて計算する。なお、残業時間については@950円（＝@3,800円×25%）を用いて計算する。

801工事：@3,800円×10時間＋@950円×2時間＝ 39,900円

802工事：@3,800円×18時間＋@950円×3時間＝ 71,250円

803工事：@3,800円×35時間＋@950円×5時間＝137,750円

804工事：@3,800円×34時間＋@950円×5時間＝133,950円

⑵　労務外注費

資料5より、労務外注の金額をそのまま集計する。

3．外注費

資料5より、一般外注の金額をそのまま集計する。

4．経　費

⑴　直接経費

資料6⑴のうち、労務管理費と事務用品費他の合計額を計上する。

801工事： 2,040円＋ 1,700円＝ 3,740円

802工事： 9,100円＋ 4,440円＝13,540円

803工事：12,300円＋ 9,100円＝21,400円

804工事：21,300円＋22,200円＝43,500円

(2)　人件費

資料6(1)および(2)より、従業員給料手当、法定福利費、福利厚生費およびT氏の役員報酬額の合計額を計上する。施工管理技術者であるT氏の役員報酬は、当月役員報酬発生額を、現場施工管理業務の従事時間と役員としての一般管理業務時間の合計で割ることにより配賦率を算定し、その配賦率に各工事の従事時間を掛けることにより計算する。なお、工事原価と一般管理費の業務との間に等価係数を設定しているため、配賦率を計算する際に現場施工管理業務の従事時間には1.5を、一般管理業務時間には1.0を掛けて計算する。

T氏の役員報酬額：802工事；$\frac{612{,}000円}{80時間 \times 1.5 + 120時間 \times 1.0} \times 20時間 \times 1.5 = 76{,}500円$

803工事；　〃　×25時間×1.5＝95,625円

804工事；　〃　×35時間×1.5＝133,875円

801工事：9,670円＋1,250円＋3,920円＝14,840円

802工事：14,200円＋3,300円＋11,900円＋76,500円＝105,900円

803工事：18,900円＋4,100円＋14,200円＋95,625円＝132,825円

804工事：28,900円＋7,020円＋19,100円＋133,875円＝188,895円

(3)　重機械部門費

資料6(3)より、変動予算方式により予定配賦率を算定し、その予定配賦率に各工事のS工事の労務作業従事時間（資料4）を掛けて計算する。

予定配賦率：変動費率 @400円＋$\frac{960{,}000円}{1{,}200時間}$（＝固定費率 @800円）＝@1,200円

801工事：@1,200円×10時間＝12,000円

802工事：@1,200円×18時間＝21,600円

803工事：@1,200円×35時間＝42,000円

804工事：@1,200円×34時間＝40,800円

(4)　現場管理費

資料6(4)より、@1,000円（＝97,000円÷97時間）を各工事の労務作業従事時間（資料4）に掛けて計算する。

801工事：@1,000円×10時間＝10,000円

802工事：@1,000円×18時間＝18,000円

803工事：@1,000円×35時間＝35,000円

804工事：@1,000円×34時間＝34,000円

問1 完成工事原価報告書の作成

当月に完成した801工事、802工事および804工事の工事原価を費目ごとに集計する（単位：円）。

	801工事		802工事		804工事	合　計
	月　初	当　月	月　初	当　月	当　月	
材　料　費	154,800※	——	63,900	186,600	239,000	**644,300**
労　務　費	109,400	39,900	41,400	71,250	133,950	395,900
労務外注費	112,000	19,500	30,650	53,400	144,700	**360,250**
労務費計	221,400	59,400	72,050	124,650	278,650	**756,150**
外　注　費	26,990	29,880	32,580	97,550	193,200	**380,200**
経　　費	79,400	40,580	33,200	159,040	307,195	**619,415**
（うち人件費）	(49,100)	(14,840)	(24,120)	(105,900)	(188,895)	**(382,855)**
合　計	482,590	129,860	201,730	567,840	1,018,045	**2,400,065**

※　資料3(2)より、Y材料の仮設工事完了時評価額（11,200円）を控除する。

問2 未成工事支出金勘定の残高

工事原価計算表の803工事原価：**748,475円**

問3 配賦差異の当月末の勘定残高

① 賃率差異（資料4より）

当月の労務費（賃金手当）の実際発生額：318,000円（支払賃金）－73,000円（前月末未払）＋78,000円（当月末未払）＋65,000円（残業手当）＝388,000円

当月の賃率差異：@3,800円×97時間＋@950円×15時間（予定額 382,850円）－388,000円（実際額）＝(−)5,150円（借方）

賃率差異勘定残高：(−)3,400円＋(−)5,150円＝(−)**8,550円**（借方残高：A）

② 重機械部門費予算差異（資料6(3)より）

当月の予算差異：@400円×97時間＋960,000円÷12ヵ月（予算許容額 118,800円）－122,500円（実際発生額）＝(−)3,700円（借方）

予算差異勘定残高：(−)2,370円＋(−)3,700円＝(−)**6,070円**（借方残高：A）

③ 重機械部門費操業度差異（資料6(3)より）

当月の操業度差異：@800円×（97時間（実際）－1,200時間÷12ヵ月（基準 100時間））＝(−)2,400円（借方）

操業度差異勘定残高：(+)900円＋(−)2,400円＝(−)**1,500円**（借方残高：A）

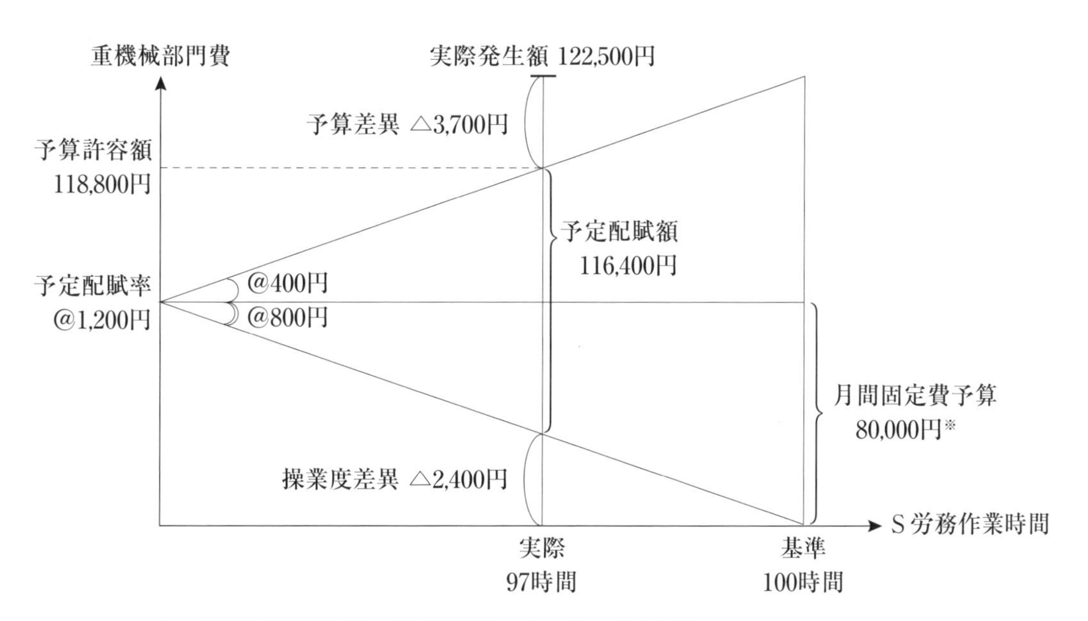

※　月間固定費予算：960,000円÷12ヵ月＝80,000円

第24回 解答

問題 8

第1問 20点　解答にあたっては、各問とも指定した字数以内（句読点を含む）で記入すること。

問1　（10 / 20 / 25）

作業機能別分類とは、企業経営を遂行する上で、原価が
どのような機能のために発生したかによる分類である。❸
実践的には、計算目的別分類および発生形態別分類に基
づいて区分された原価を、第二次的に、さらに細分類す
5 るために利用される。❸例えば、材料費は、主要材料費、
修繕材料費、試験研究材料費等に、労務費は、監督者給
料、直接作業工賃金、事務員給料等に、経費は、電力料
を動力用電力料、照明用電力料等に分類する。❷また、販
売費及び一般管理費を、広告宣伝費、出荷運送費、倉庫
10 費などの諸機能別に費目設定するときにも利用される。❷

問2　（10 / 20 / 25）

組別総合原価計算とは、異種の製品を同一工場内で連続
して見込量産する工企業において適用される原価計算の
方法である。❸組別総合原価計算では、まず、1原価計算
期間に発生する製造費用を、各組製品に直接的に跡づけ
5 ることのできる組直接費と、各組製品に共通して発生す
る組間接費に区分する。❷次に、組直接費は各組製品に直
接賦課し、組間接費は適切な配賦基準によって各組製品
に配賦する。このようにして各組製品の総合原価を求め
ることを付加計算という。❸最後に、各組において総合原
10 価を各組製品の生産数量で割って単位原価を計算する。❷

第2問 10点

記号（ア〜シ）	1	2	3	4	5	
	オ	ク	カ	キ	ア	各❷

第3問 14点

問1

大型クレーンの取得価額　¥ 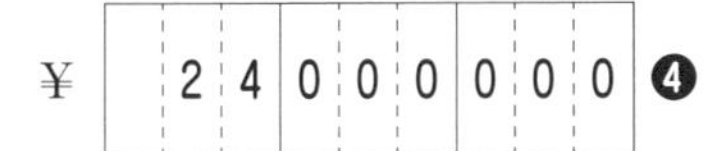 24000000 ❹

問2

A工事現場への当月配賦額　¥ 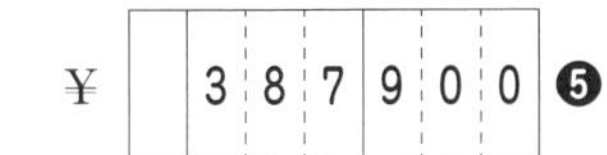 387900 ❺

問3

当月の損料差異　¥ 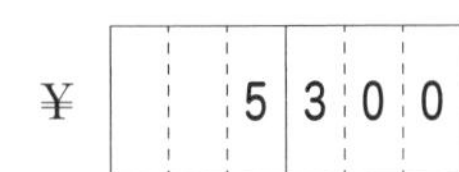 5300　記号（XまたはY） X ❺

第4問 16点

問1

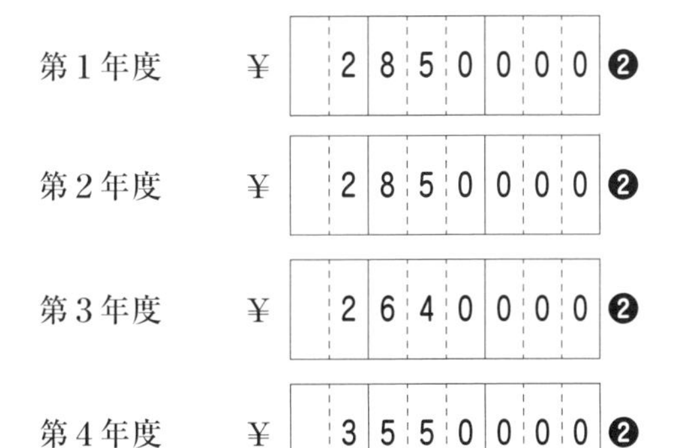

第1年度　¥ 2850000 ❷

第2年度　¥ 2850000 ❷

第3年度　¥ 2640000 ❷

第4年度　¥ 3550000 ❷

問2

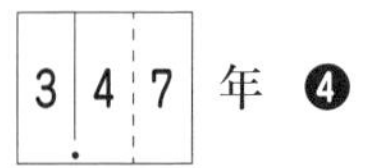 3.47 年 ❹

問3

¥ 253250　記号（AまたはB）A ❹

第5問　40点

問1

完成工事原価報告書

自　平成×2年4月1日

至　平成×2年4月30日

福島建設工業株式会社

（単位：円）

Ⅰ．材料費		1050200	❹
Ⅱ．労務費		397352	❹
Ⅲ．外注費		480300	❹
Ⅳ．経　費		393850	❹
（うち人件費	202070）❹		
完成工事原価		2321702	❹

問2

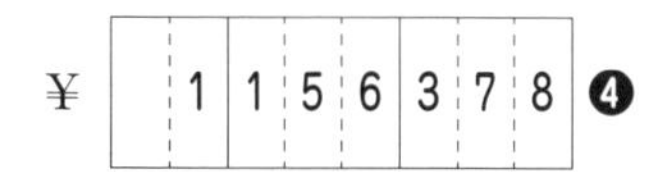

¥ 1156378 ❹

問3

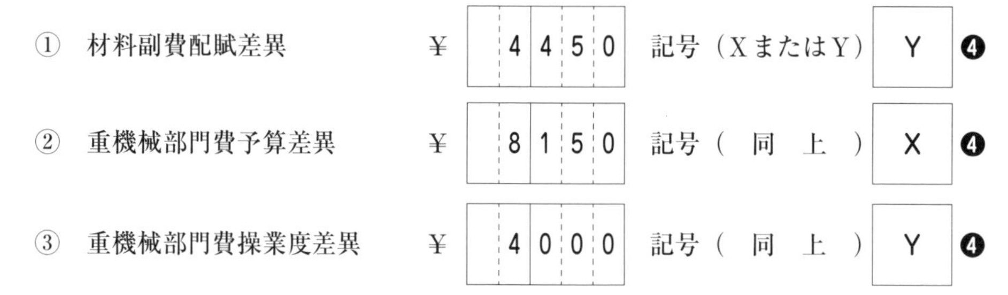

① 材料副費配賦差異	¥ 4450	記号（XまたはY）	Y	❹
② 重機械部門費予算差異	¥ 8150	記号（　同　上　）	X	❹
③ 重機械部門費操業度差異	¥ 4000	記号（　同　上　）	Y	❹

●数字…予想配点

第24回 解答への道

問題 8

第1問●記述問題

問1 原価の作業機能別分類

作業機能別分類とは、企業経営を遂行する上で、原価がどのような機能のために発生したかによる分類である。この分類方法は、広義に解すれば、原価をまず製造機能とその他の機能とに区分することに役立つ。実践的には、計算目的別分類および発生形態別分類に基づいて区分された原価を、第二次的に、さらに細分類するために利用されることが多い。例えば、材料費は、主要材料費、修繕材料費、試験研究材料費等に、労務費は、監督者給料、直接作業工賃金、事務員給料等に、また経費は、電力料を動力用電力料、照明用電力料等に分類することなどをいう。

この機能別分類は、製造活動の原価分類に利用されるばかりでなく、販売費及び一般管理費を、広告宣伝費、出荷運送費、倉庫費などの諸機能別に費目設定するときにも利用される。

建設業独特の分類としては、原価を工事種類（工種）別に区分することなどは、この分類基準に属することになる。

問2 組別総合原価計算の意義と計算方法

組別総合原価計算とは、異種の製品を同一工場内で連続して見込量産する工企業に適用される原価計算の方法である。組別総合原価計算にあっては、まず一期間の製造費用を組直接費と組間接費または原料費と加工費とに分け、個別原価計算に準じ、組直接費または原料費は、各組の製品に賦課し、組間接費または加工費は、適当な配賦基準により各組に配賦する。ついで一期間における組別の製造費用と期首仕掛品原価とを、当期における組別の完成品とその期末仕掛品とに分割することにより、当期における組別の完成品総合原価を計算し、これを製品単位に均分して単位原価を計算する。

第2問●原価概念の用語選択問題

1．**差額原価（オ）**

差額原価とは、2つの代替案間での原価総額の差額のことであり、代替案の比較において用いられる原価の差額である。なお、代替案間において発生額の異なる原価であることから、関連原価とも呼ばれる。

2．**評価原価（ク）**

評価原価とは、品質原価計算において、製品の規格に合致しない製品を発見するために発生するコストのことであり、購入材料の受入検査費、製品の中間品質試験費、製品最終検査費などがある。

3．**現金支出原価（カ）**

現金支出原価とは、犠牲にされる経済的資源を、それらの取得のために支払った現金支出額によって測定した原価のことである。特定の意思決定に関して、キャッシュ・アウトフローを伴う原価である。なお、減価償却費などは、キャッシュ・アウトフローを伴わない非現金支出原価である。

4．**埋没原価（キ）**

埋没原価（サンクコスト）とは、回避不能原価や過去原価であって、意思決定において各代替案を選択してもそれによって変化することのない原価のことである。無関連原価とも呼ばれ、意思決定の財務的評価において考慮する必要のない原価である。

5．**機会原価（ア）**

機会原価とは、犠牲にされる経済的資源を、他の代替的用途（代替案）に振り向けたならば得られるはずの最大の利益額によって測定される原価のことである。

第3問 ● 大型クレーンの損料計算

問1 取得価額（基礎価格）の計算

取得価額（基礎価格）をAとおく。

供用1日当たり損料：（A×7％＋A÷10年÷2）÷200日＝14,400円/日
（A×7％：管理費予算、A÷10年÷2：減価償却費の半額）

∴　A＝**24,000,000円**

問2 A工事現場への当月配賦額の計算

1．運転1時間当たり損料の計算

（24,000,000円×55％÷10年＋24,000,000円÷10年÷2）÷1,200時間＝2,100円/時間
（24,000,000円×55％÷10年：修繕費予算、24,000,000円÷10年÷2：減価償却費の半額）

2．A工事現場への当月配賦額

2,100円/時間×75時間＋14,400円/日×16日＝**387,900円**

問3 当月の損料差異の計算

実際発生額：193,200円＋24,000,000円÷10年÷12ヵ月＝393,200円
（193,200円：修繕･管理費、24,000,000円÷10年÷12ヵ月：減価償却費（月額）200,000円）

損料差異：387,900円－393,200円＝(－)**5,300円**（配賦不足：X）

第4問●新機械購入の意思決定

問1 年々の税引後の正味キャッシュ・フローの計算

（単位：円）

	現時点	第1年度	第2年度	第3年度	第4年度
CIF		② 750,000	② 750,000	② 750,000	② 750,000
		③ 2,100,000	③ 2,100,000	③ 1,890,000	③ 2,800,000
COF	① 10,000,000				
NET	△10,000,000	**2,850,000**	**2,850,000**	**2,640,000**	**3,550,000**

① 取得原価

② 法人税節約額：減価償却費10,000,000円÷４年×法人税率30％＝750,000円

③ （売上〈キャッシュ・インフロー〉－費用〈キャッシュ・アウトフロー〉）×（１－法人税率）

第１年度：（8,000,000円－5,000,000円）×（１－0.3）＝2,100,000円

第２年度：（7,000,000円－4,000,000円）×（１－0.3）＝2,100,000円

第３年度：（8,700,000円－6,000,000円）×（１－0.3）＝1,890,000円

第４年度：（9,000,000円－5,000,000円）×（１－0.3）＝2,800,000円

問2 時間価値を考慮しない累積的回収期間法（積上方式）による回収期間の計算

△10,000,000円＋2,850,000円（第１年度）＋2,850,000円（第２年度）＋2,640,000円（第３年度）＝△1,660,000円（第３年度末の未回収額）

第４年度の3,550,000円で未回収額の1,660,000円を回収できることから、回収期間は次のように計算する。

回収期間：３年＋$\frac{1,660,000円}{3,550,000円}$＝3.4676…年 ⇨ **3.47年**（小数点第２位未満を四捨五入）

問3 正味現在価値の計算（単位：円）

正味現在価値：2,850,000円×0.943＋2,850,000円×0.890＋2,640,000円×0.840＋3,550,000円×0.792－10,000,000円＝(+)**253,250円（A）**

第5問 ● 総合問題

工事原価計算表

平成×2年4月1日～平成×2年4月30日　　　　(単位：円)

	201工事	202工事	203工事	合　計
月初未成工事原価	543,000	294,040	——	837,040
当月発生工事原価				
1．材料費				
(1)甲材料費	94,500	294,000	157,500	546,000
(2)乙材料費	212,000	162,000	288,000	662,000
材料費計	306,500	456,000	445,500	1,208,000
2．労務費	96,520	123,232	184,848	404,600
3．外注費				
(1)一般外注費	51,480	47,520	108,900	207,900
(2)労務外注費	77,700	66,500	110,500	254,700
外注費計	129,180	114,020	219,400	462,600
4．経　費				
(1)直接経費	8,680	22,400	28,170	59,250
(2)人件費	47,710	72,520	149,760	269,990
(3)重機械部門費	40,300	67,600	128,700	236,600
経 費 計	96,690	162,520	306,630	565,840
当月完成工事原価	1,171,890	1,149,812	——	2,321,702
月末未成工事原価	——	——	1,156,378	1,156,378

1．材料費

(1)　甲材料費

資料3(1)より、購入代価に材料副費の予定配賦額（購入代価の5％）を加算して計算する。

201工事：　90,000円×(1＋0.05)＝　94,500円

202工事：280,000円×(1＋0.05)＝294,000円

203工事：150,000円×(1＋0.05)＝157,500円

⑵　乙材料費

資料3⑵より、先入先出法によって各工事の消費額を計算する。

借方	貸方
1日　前月繰越 @4,000円 20個	11日（202工事） 20個
3日　仕入 @4,100円※ 80個	30個 19日 戻り△10個 22日（203工事） 19日 戻り　10個 50個
15日　仕入 @4,200円 40個	10個 28日（201工事） 30個
24日　仕入 @4,300円 70個	20個 次月繰越　50個

202工事：@4,000円×20個＋@4,100円×（30個－10個）＝162,000円

203工事：@4,100円×（10個＋50個）＋@4,200円×10個＝288,000円

201工事：@4,200円×30個＋@4,300円×20個＝212,000円

※　（@4,200円×80個－8,000円）÷80個＝@4,100円

2．労務費

資料4より、実際発生額を配賦しているため、まず当月要支払額を計算し、その要支払額を従事日数で割ることで実際配賦率を算定する。ついで、その実際配賦率に各工事の従事日数を掛けることにより、各工事の実際配賦額を計算する。なお、⑵より201工事においては、残業手当を別途加算する。

借方	貸方
当月支払 380,600円	前月未払 75,500円
	当月要支払額（差額） 385,100円
当月未払 80,000円	

当月要支払額：380,600円－75,500円＋80,000円＝385,100円

実 際 配 賦 率：385,100円÷25日＝@15,404円

201工事：@15,404円×5日＋19,500円（残業手当）＝96,520円

202工事：@15,404円×8日＝123,232円

203工事：@15,404円×12日＝184,848円

3．外注費

⑴　一般外注費

資料5より、一般外注費については、まず当月実際発生額を各工事の一般外注工事の時間合計で割ることで実際配賦率を算定する。ついで、その実際配賦率に各工事の一般外注工事の時間を掛けることにより、各工事の実際配賦額を計算する。

実際配賦率：207,900円÷105時間＝@1,980円

201工事：@1,980円×26時間＝ 51,480円

202工事：@1,980円×24時間＝ 47,520円

203工事：@1,980円×55時間＝108,900円

⑵　労務外注費

資料5より、労務外注工事の金額をそのまま集計する。

4．経　費

(1)　直接経費

資料６(1)のうち、労務管理費および通信交通費他の合計額を集計する。

201工事：　5,120円＋　3,560円＝　8,680円

202工事：10,800円＋11,600円＝22,400円

203工事：14,400円＋13,770円＝28,170円

(2)　人件費

資料６(1)および(2)より、従業員給料手当、法定福利費、福利厚生費およびＴ氏の役員報酬額の合計額を計上する。施工管理技術者であるＴ氏の役員報酬は、当月役員報酬発生額を、現場施工管理業務の従事時間と役員としての一般管理業務時間の合計で割ることにより配賦率を算定し、その配賦率に各工事の従事時間を掛けることにより計算する。なお、工事原価と一般管理費の業務との間に等価係数を設定しているため、配賦率を計算する際に現場施工管理業務の従事時間には1.2を、一般管理業務時間には1.0を掛けて計算する。

Ｔ氏の役員報酬：201工事；$\dfrac{558{,}000\text{円}}{50\text{時間}\times 1.2 + 120\text{時間}\times 1.0}$×10時間×1.2＝　37,200円

202工事；　〃　×10時間×1.2＝　37,200円

203工事；　〃　×30時間×1.2＝111,600円

201工事：　5,450円＋1,100円＋　3,960円＋　37,200円＝　47,710円

202工事：16,260円＋7,160円＋11,900円＋　37,200円＝　72,520円

203工事：16,300円＋8,980円＋12,880円＋111,600円＝149,760円

(3)　重機械部門費

資料６(3)より、固定予算方式により予定配賦率を算定し、その予定配賦率に工事別の従事時間を掛けて計算する。

予定配賦率：234,000円÷180時間＝@1,300円

201工事：@1,300円×31時間＝　40,300円

202工事：@1,300円×52時間＝　67,600円

203工事：@1,300円×99時間＝128,700円

問１　完成工事原価報告書の作成

当月に完成した201工事および202工事の工事原価を費目ごとに集計する。

（単位：円）

	201工事		202工事		合　計
	月　初	当　月	月　初	当　月	
材　料　費	199,200	306,500	88,500	456,000	**1,050,200**
労　務　費	101,900	96,520	75,700	123,232	**397,352**
外　注　費	152,600	129,180	84,500	114,020	**480,300**
経　　　費	89,300	96,690	45,340	162,520	**393,850**
（うち人件費）	(52,910)	(47,710)	(28,930)	(72,520)	**(202,070)**
合　　計	543,000	628,890	294,040	855,772	**2,321,702**

問2 未成工事支出金勘定の残高

工事原価計算表の203工事の工事原価：**1,156,378円**

問3 配賦差異の当月末の勘定残高

① 材料副費配賦差異（資料3(1)より）
　当月の材料副費配賦差異：520,000円×5％－22,500円＝(+)3,500円（貸方）
　材料副費配賦差異の勘定残高：(+)950円＋(+)3,500円＝(+)**4,450円**（貸方残高：Y）

② 重機械部門費予算差異（資料6(3)より）
　当月の予算差異：月間固定費予算234,000円－実際発生額241,000円＝(−)7,000円（借方）
　予算差異の勘定残高：(−)1,150円＋(−)7,000円＝(−)**8,150円**（借方残高：X）

③ 重機械部門費操業度差異（資料6(3)より）
　当月の操業度差異：@1,300円×(182時間－180時間)＝(+)2,600円（貸方）
　操業度差異の勘定残高：(+)1,400円＋(+)2,600円＝(+)**4,000円**（貸方残高：Y）

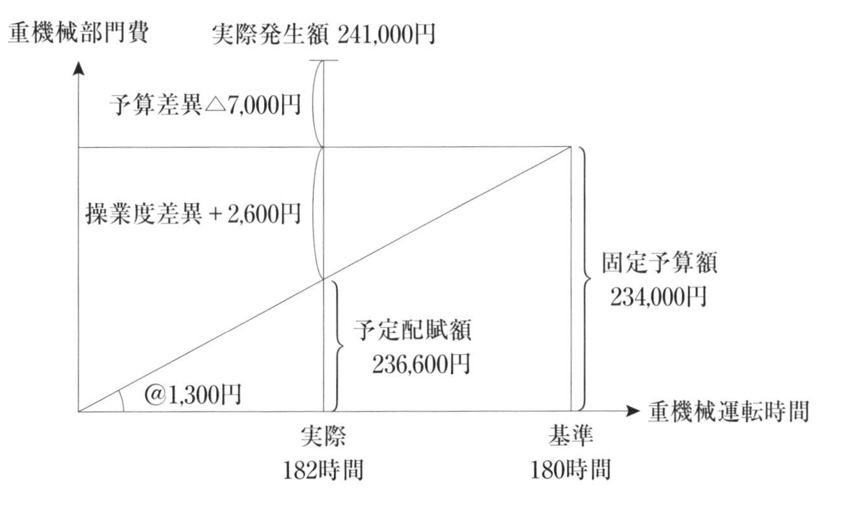

第25回 解答

問題 14

第1問 20点

解答にあたっては、各問とも指定した字数以内（句読点を含む）で記入すること。

問1

国土交通省告示における材料費は、「工事のために直接購入した素材、半製品、製品、材料貯蔵品勘定等から振り替えられた材料費（仮設材料の損耗額等を含む。）」と定義されている。❹よって、建設業における材料費は、特定の工事のために直接消費される材料費および仮設材料の損耗額である。❸そのため、直接・間接を問わず生産物の製造のために消費したものを材料費とする一般的な原価計算と比べれば、ずっと狭い内容であるといえる。❸

問2

品質コストは、設計品質と適合品質に分類され、そのうち適合品質に係る品質コストは、品質適合コストと品質不適合コストからなる。❷まず、品質適合コストは、予防コストと評価コストに分類される。予防コストは、設計仕様に合致しない建造物の施工を防ぐために発生するコストであり、評価コストは、設計仕様に合致しない建造物を発見するために発生するコストである。❹一方、品質不適合コストは、内部失敗コストと外部失敗コストに分類される。内部失敗コストは、施主に引き渡す前の施工段階で欠陥や品質不良が発見された場合に生じるコストであり、外部失敗コストは、施主に引き渡した後で欠陥や品質不良が発見された場合に生じるコストである。❹

第2問 10点

記号（AまたはB）	1	2	3	4	5	
	B	A	B	A	A	各❷

第3問 14点

問1

工事番号101　¥ 192,000 ❹

問2

工事番号102　¥ 500,000 ❹

問3

請負工事利益総額　¥ 1,251,000 ❻

第4問 16点

問1

¥ 50,000　記号（AまたはB） B ❽

問2

¥ 150,000　記号（ 同 上 ） B ❽

第5問 40点

問1

完成工事原価報告書

自　平成×1年9月1日

至　平成×1年9月30日

秋田建設工業株式会社

（単位：円）

Ⅰ．材料費		3,144,500	❹
Ⅱ．労務費		320,100	❹
Ⅲ．外注費		1,427,000	❹
Ⅳ．経　費		1,115,670	❹
（うち人件費	668,040） ❹		
完成工事原価		6,007,270	❹

問2

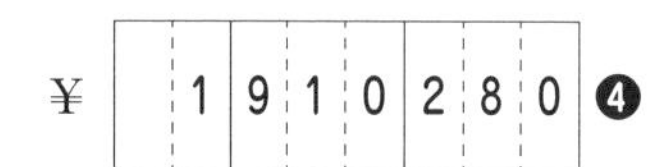

¥ 1,910,280 ❹

問3

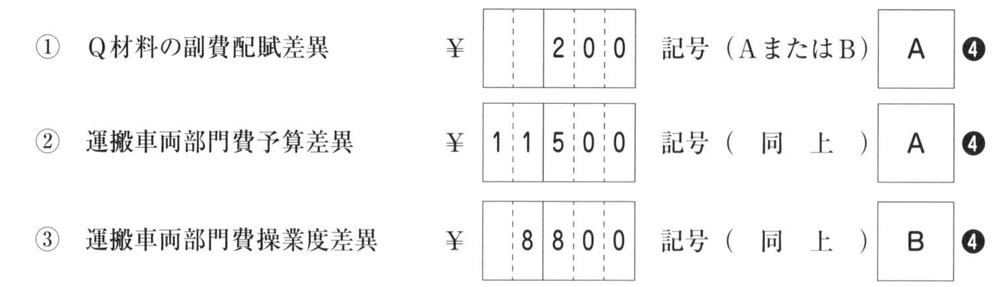

		金額	記号	
①	Q材料の副費配賦差異	¥ 200	記号（AまたはB） A	❹
②	運搬車両部門費予算差異	¥ 11,500	記号（　同　上　） A	❹
③	運搬車両部門費操業度差異	¥ 8,800	記号（　同　上　） B	❹

●数字…予想配点

第25回 解答への道

問題 14

第1問●記述問題

問1 国土交通省告示（建設業）における材料費の定義

国土交通省告示において材料費は、「工事のために直接購入した素材、半製品、製品、材料貯蔵品勘定等から振り替えられた材料費（仮設材料の損耗額等を含む。）」と定義されている。すなわち、建設業における材料とは、工事の施工に関連して購入された物品であり、建設関連資材を自社で製造している場合には、当該資材の製造原価計算によって決定され、材料貯蔵品等の勘定に振り替えられた金額が材料費となる。また、工事用足場や仮設建物などの仮設材料の損耗額も材料費として取り扱われる。したがって、告示にいう材料費は、工事のために直接消費される材料費および仮設材料の損耗額である。

一般的な原価計算における材料費とは、経営目的である生産物の製造（販売）のために、外部から購入してきた物品の消費額のことである。すなわち、生産物の製造のために直接的に消費したものばかりでなく、間接的に消費したものも含めて材料費となる。

よって、国土交通省告示（建設業）における材料費は、一般的な原価計算の材料費に比べれば、ずっと狭い限定的な内容であるといえる。

問2 品質コストの分類

品質原価計算における品質と品質コスト概念

- 設計品質
- 適合品質（施工品質）
  - 品質適合コスト
    - 予防コスト
    - 評価コスト
  - 品質不適合コスト（失敗コスト）
    - 内部失敗コスト
    - 外部失敗コスト

予防コスト：設計仕様に合致しない建造物の施工を防ぐために発生するコスト
（例）品質保証教育訓練費、設計改善費、工程改善費など

評価コスト：設計仕様に合致しない建造物を発見するために発生するコスト
（例）購入資材受入検査費、建造物の中間品質試験費、建造物最終検査費など

内部失敗コスト：施主に引き渡す前の施工段階で、欠陥や品質不良が発見された場合に生じるコスト
（例）手戻り・手直しに要するコストなど

外部失敗コスト：施主に引き渡した後で、欠陥や品質不良が発見された場合に生じるコスト
（例）クレーム処理費、補償費、ブランド価値の低下など

第２問●工事間接費の配賦に関する正誤問題

1．×　実際操業度が基準操業度とほぼ等しい場合や、変動費が非常に少ない場合には、固定予算による予算差異であっても原価管理に有効である。

2．○　実査法変動予算（多桁式変動予算）とは、基準操業度を中心として、予期される範囲内にある種々の操業度を一定間隔に設け、各操業度に応じた複数の工事間接費予算額をあらかじめ算定しておく方法である。実査法変動予算は、工事間接費予算総額が直線的に推移しないような場合には、公式法変動予算よりも優れている。

3．×　実現可能最大操業度は、もっぱら生産技術条件によって左右され、外部販売の可能性によって影響を受けるわけではない。よって、需要は無限にあると仮定して、製造することだけを考えた際の実際に達成可能な最大の操業水準である。一方、長期正常操業度は、販売場予想される季節的および景気変動の影響による生産量の増減を、長期的に平均した操業水準である。よって、生産と販売の長期的なバランスを考慮して設定されるものである。

4．○　原価計算の予算管理目的とは、予算の編成および予算統制のために必要な原価資料を提供することである。次期予定操業度は、次の１年間に予想される操業水準であり、総合予算の基礎となる操業水準であることから予算操業度ともいわれる。よって、企業予算による業績管理を重視する場合には、次期予定操業度を基準操業度とすることが望ましい。

5．○　アイドルコストとは、実現可能最大操業度を基準操業度として採用した場合の操業度差異（生産能力を遊休にしたためにこうむる製造間接費の損失）を意味する。通常、実現可能最大操業度に比べて次期予定操業度は小さいことから、次期予定操業度を基準操業度として予定配賦を行うと、実現可能最大操業度を基準操業度とした場合よりも予定配賦率が大きく計算され、その予定配賦額の中にアイドルコストが含まれることになる。よって、アイドルコストの一部が当該期間の生産品に配賦されることになる。

第３問●請負工事利益の計算

1．工事原価の計算

101工事：294,000円（直接材料費）＋(@1,200円＋@4,800円)×40時間（第三製造部門）＋(@1,300円＋@4,600円)×60時間（第四製造部門）
＝888,000円

102工事：229,000円＋(@1,200円＋@4,800円)×40時間＋(@1,300円＋@4,600円)×90時間
＝1,000,000円

103工事：624,000円＋(@1,200円＋@4,100円)×60時間＋(@1,200円＋@4,800円)×50時間
＝1,242,000円

104工事：255,000円＋(@1,200円＋@4,100円)×50時間＋(@1,400円＋@5,000円)×50時間
＝840,000円

105工事：405,000円＋(@1,200円＋@4,100円)×40時間＋(@1,400円＋@5,000円)×40時間
＋(@1,300円＋@4,600円)×30時間＝1,050,000円

2．請負工事利益の計算

101工事：1,800,000円×$\frac{888,000円}{1,480,000円}$（＝1,080,000円）－888,000円＝**192,000円** 問1

102工事：1,500,000円－1,000,000円＝**500,000円** 問2

103工事：3,100,000円×$\frac{1,242,000円}{2,760,000円}$（＝1,395,000円）－1,242,000円＝153,000円

104工事：2,590,000円×$\frac{840,000円}{2,100,000円}$（＝1,036,000円）－840,000円＝196,000円

105工事：2,100,000円×$\frac{1,050,000円}{1,750,000円}$（＝1,260,000円）－1,050,000円＝210,000円

請負工事利益総額：192,000円＋500,000円＋153,000円＋196,000円＋210,000円＝**1,251,000円** 問3

第4問 ● 外部購入か自社製造かの意思決定

問1 外部購入か自社製造かの意思決定（その１）

資料４より、部品Ｐの製造を中止した場合、機械は遊休となるため、変動製造間接費は関連原価であるが、固定製造間接費は無関連原価となる。また、資料３より、部品Ｐの製造を中止した場合、労働力はすべて他の部門で転用できることから、自社製造した場合には、他の部門において新たに労働力を雇う必要がある。そのため、直接労務費は関連原価となる。ただし、この転用によって250,000円は節約することができる。

自社製造：直接材料費900,000円＋直接労務費1,300,000円＋変動製造間接費700,000円＝2,900,000円

外部購入：購入原価@3,000円×1,000個＋検収費用200,000円－節約額250,000円＝2,950,000円

ゆえに、部品Ｐを外部購入したほうが自社製造する場合に比べて、月間総額**50,000円**不利（**B**）となる。

問2 外部購入か自社製造かの意思決定（その２）

製品Ｑの製造・販売による利益：3,720,000円－{900,000円×130%
＋（1,300,000円＋700,000円）×120%}＝150,000円

自社製造：2,900,000円

外部購入：購入原価@3,000円×1,000個＋検収費用200,000円－製品Ｑの利益150,000円
＝3,050,000円

ゆえに、部品Ｐを外部購入したほうが自社製造する場合に比べて、月間総額**150,000円**不利（**B**）となる。

第5問 ● 総合問題

工事原価計算表

平成×1年9月1日～平成×1年9月30日　　（単位：円）

	102工事	103工事	104工事	105工事	合　計
月初未成工事原価	498,300	191,500	——	——	689,800
当月発生工事原価					
1．材料費					
(1)P材料費	200,000	625,000	1,250,000	300,000	2,375,000
(2)Q材料費	——	106,000	713,000	1,017,000	1,836,000
材料費計	200,000	731,000	1,963,000	1,317,000	4,211,000
2．労務費	21,600	57,600	86,400	98,400	264,000
3．外注費	223,500	360,500	625,000	247,200	1,456,200
4．経　費					
(1)直接経費	71,230	122,900	150,000	66,700	410,830
(2)人件費	72,500	185,040	364,400	131,780	753,720
(3)運搬車両部門費	10,800	28,800	43,200	49,200	132,000
経 費 計	154,530	336,740	557,600	247,680	1,296,550
当月完成工事原価	1,097,930	1,677,340	3,232,000	——	6,007,270
月末未成工事原価	——	——	——	1,910,280	1,910,280

1．材料費

(1)　P材料費

資料3(1)より、予定単価（@5,000円）を工事別現場投入量に掛けて計算する。

102工事：@5,000円×　40kg＝　200,000円

103工事：@5,000円×125kg＝　625,000円

104工事：@5,000円×250kg＝1,250,000円

105工事：@5,000円×　60kg＝　300,000円

(2)　Q材料費

資料3(2)より、先入先出法によって各工事の消費額を計算する。なお、内部材料副費を予定配賦しているため、購入代価の5％を購入原価に算入するとともに、さらに運送費（外部材料副費）も当社が負担するため、購入原価に算入する。

受入	払出	計算
5日　購入 @5,300円※1 100本	9日（103工事） 50本 24日 戻り△30本	103工事：@5,300円×(50本－30本)＝106,000円
	18日（104工事） 50本	104工事：@5,300円×50本＋@6,400円×70本＝713,000円
15日　購入 @6,400円※2 100本	70本	
	28日（105工事） 24日 戻り　30本 30本	105工事：@5,300円×30本＋@6,400円×30本＋@7,400円×90本＝1,017,000円
27日　購入 @7,400円※3 100本	90本	
	月末	

※1　{@5,000円×100本×(1＋0.05)＋ 5,000円}÷100本＝@5,300円

※2　{@6,000円×100本×(1＋0.05)＋10,000円}÷100本＝@6,400円

※3　{@7,000円×100本×(1＋0.05)＋ 5,000円}÷100本＝@7,400円

2．労務費

Z労務作業費

資料4より、予定賃率（@2,400円）を各工事の実際作業時間に掛けて計算する。

102工事：@2,400円× 9時間＝21,600円

103工事：@2,400円×24時間＝57,600円

104工事：@2,400円×36時間＝86,400円

105工事：@2,400円×41時間＝98,400円

3．外注費

資料5より、一般外注および労務外注の金額をそのまま集計する。

102工事： 58,000円＋165,500円＝223,500円

103工事：105,000円＋255,500円＝360,500円

104工事：288,000円＋337,000円＝625,000円

105工事： 75,000円＋172,200円＝247,200円

4．経　費

(1)　直接経費

資料6(1)のうち、労務管理費と雑費他の合計額を計上する。

102工事： 45,900円＋25,330円＝ 71,230円

103工事： 87,500円＋35,400円＝122,900円

104工事：108,000円＋42,000円＝150,000円

105工事： 41,800円＋24,900円＝ 66,700円

⑵　人件費

資料６⑴および⑵より、従業員給料手当、法定福利費、福利厚生費およびＳ氏の役員報酬額の合計額を計上する。施工管理技術者であるＳ氏の役員報酬は、当月役員報酬発生額を、現場施工管理業務の従事時間と役員としての一般管理業務時間の合計で割ることにより配賦率を算定し、その配賦率に各工事の従事時間を掛けることにより計算する。なお、工事原価と一般管理費の業務との間に等価係数を設定しているため、配賦率を計算する際に現場施工管理業務の従事時間には1.5を、一般管理業務時間には1.0を掛けて計算する。

Ｓ氏の役員報酬額：103工事；$\frac{600{,}000円}{80時間\times1.5+120時間\times1.0}$×10時間×1.5＝ 37,500円

104工事；　〃　×50時間×1.5＝187,500円

105工事；　〃　×20時間×1.5＝ 75,000円

102工事： 54,800円＋ 8,500円＋ 9,200円＝ 72,500円

103工事：109,500円＋15,440円＋22,600円＋ 37,500円＝185,040円

104工事：125,000円＋15,200円＋36,700円＋187,500円＝364,400円

105工事： 42,300円＋ 4,500円＋ 9,980円＋ 75,000円＝131,780円

⑶　運搬車両部門費

資料６⑶より、変動予算方式により予定配賦率を算定し、その予定配賦率に各工事のＺ労務作業時間（資料４）を掛けて計算する。

予定配賦率：変動費率@400円＋$\frac{960{,}000円}{1{,}200時間}$（＝固定費率@800円）＝@1,200円

102工事：@1,200円×９時間＝10,800円

103工事：@1,200円×24時間＝28,800円

104工事：@1,200円×36時間＝43,200円

105工事：@1,200円×41時間＝49,200円

問１　完成工事原価報告書の作成

当月に完成した102工事、103工事および104工事の工事原価を費目ごとに集計する。

（単位：円）

	102工事		103工事		104工事	合　計
	月　初	当　月	月　初	当　月		
材　料　費	183,000	200,000	67,500	731,000	1,963,000	**3,144,500**
労　務　費	115,000	21,600	39,500	57,600	86,400	**320,100**
外　注　費	155,000	223,500	63,000	360,500	625,000	**1,427,000**
経　　費	45,300	154,530	21,500	336,740	557,600	**1,115,670**
（うち人件費）	(35,300)	(72,500)	(10,800)	(185,040)	(364,400)	**(668,040)**
合　計	498,300	599,630	191,500	1,485,840	3,232,000	**6,007,270**

問２　未成工事支出金勘定の残高

工事原価計算表の105工事の工事原価：**1,910,280円**

問3 配賦差異の当月末の勘定残高

① Q材料の副費配賦差異（資料3(2)より）

予定配賦額：(@5,000円×100本＋@6,000円×100本＋@7,000円×100本)×5％＝90,000円

当月の材料副費配賦差異：90,000円（予定）－89,000円（実際）＝(+)1,000円（貸方）

材料副費配賦差異勘定残高：(−)1,200円＋(+)1,000円＝(−)**200円**（借方残高：A）

② 運搬車両部門費予算差異（資料6(3)より）

当月の予算差異：@400円×110時間＋960,000円÷12ヵ月（予算許容額 124,000円）－136,000円（実際）＝(−)12,000円（借方）

予算差異勘定残高：(+)500円＋(−)12,000円＝(−)**11,500円**（借方残高：A）

③ 運搬車両部門費操業度差異（資料6(3)より）

当月の操業度差異：@800円×(110時間（実際）－1,200時間÷12ヵ月（基準 100時間）)＝(+)8,000円（貸方）

操業度差異勘定残高：(+)800円＋(+)8,000円＝(+)**8,800円**（貸方残高：B）

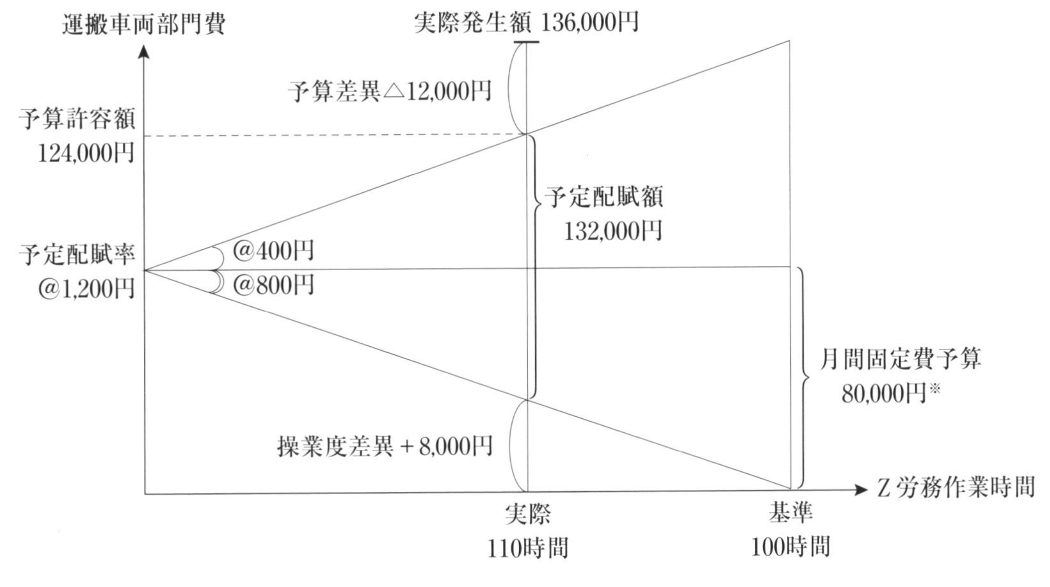

※　月間固定費予算：960,000円÷12ヵ月＝80,000円

第26回 解答

問題 20

第1問 20点

解答にあたっては、各問とも指定した字数以内（句読点を含む）で記入すること。

問1

基本予算は、会計期間に合わせて大綱的に編成される予
算であるのに対して、❷実行予算は、基本予算を何らかの
基準によって細分化し、より日常的なコントロールを強
化するために実施される予算である。❷すなわち、基本予
算を効果的にするためには、精度の高い実行予算を編成
しなければならない。❸実行予算の種類として、月次ある
いは四半期別などの期間細分化実行予算や、工事別ある
いはプロジェクト別などの作業細分化実行予算がある。❸

問2

注文獲得費は、経営者の方針により決定する政策費の性
格をもつことから、割り当てられた予算でどのくらいの
成果（収益）をあげられるかが重要となる。しかし、成
果の測定は難しく、割当予算と実績の比較によって管理
することになる。❹注文履行費は、受注を原因として反復
的・機械的に発生することから、その支出額は成果と何
らかの因果関係がある。そのため、能率測定がしやすく
、変動予算や標準原価を設定して管理することになる。❸
全般管理費は、製造および営業を中心とした企業全体の
活動の維持、管理に関連して生じるコストであり、注文
獲得や履行とは無関係に、多様かつ非定型的に発生する
ことから、固定予算として管理することになる。❸

第2問 10点

記号（ア～チ）

1	2	3	4	5	6	7	8
オ	イ	サ	キ	エ	ス	シ	セ

各❶
すべて正解で＋❷

第3問 18点

問1

予定配賦額	¥ 11,625,000 ❸			
予算差異	¥ 175,000	記号（AまたはB）	B	❶
操業度差異	¥ 1,125,000	記号（ 同 上 ）	B	❷

問2

予定配賦額	¥ 13,020,000 ❸			
予算差異	¥ 175,000	記号（AまたはB）	B	❶
操業度差異	¥ 270,000	記号（ 同 上 ）	A	❷

問3

予定配賦額	¥ 12,496,875 ❸			
予算差異	¥ 175,000	記号（AまたはB）	B	❶
操業度差異	¥ 253,125	記号（ 同 上 ）	B	❷

第4問　18点

問1

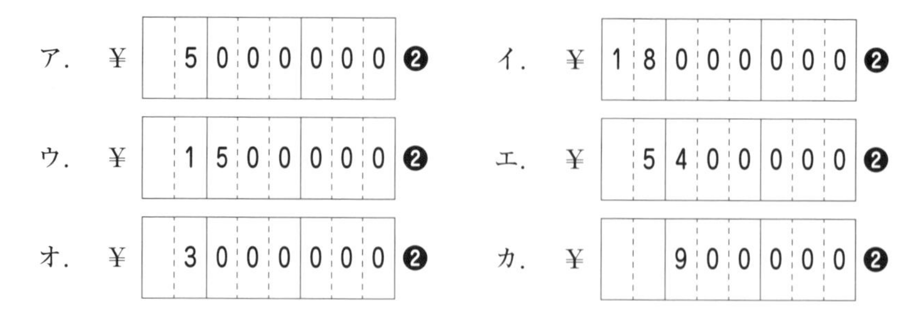

問2

¥ 7388000　記号（AまたはB）　A ❻

第5問 34点

問1

完成工事原価報告書

自 20×7年6月1日

至 20×7年6月30日

別府建設工業株式会社

（単位：円）

Ⅰ．材料費		1358150	❹
Ⅱ．労務費		1049300	❹
（うち労務外注費	324080）❷		
Ⅲ．外注費		250370	❷
Ⅳ．経　費		571200	❹
（うち人件費	343070）❹		
完成工事原価		3229020	❷

問2

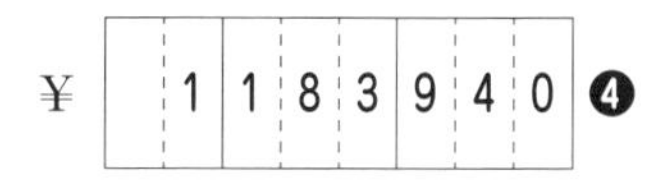

¥ 1183940 ❹

問3

① 重機械部門費予算差異	¥ 7870	記号（AまたはB）	A	❹
② 重機械部門費操業度差異	¥ 5600	記号（　同　上　）	B	❹

●数字…予想配点

第26回 解答への道

問題 20

第1問 ● 記述問題

問1 基本予算と実行予算の関係と実行予算の種類

基本予算は、会計期間に合わせて大綱的に編成される予算である。一方、実行予算は、基本予算を何らかの基準によって細分化し、より日常的なコントロールを強化するために実施される予算である。すなわち、基本予算を効果的なものにするために、月次や四半期別（3か月単位）といった期間を細分化した実行予算や、工事別やプロジェクト別といった作業を細分化した実行予算など、精度の高い実行予算を編成しなければならない。

なお、一般に、見込生産形態の企業では販売予測を中心とした基本予算が、受注生産形態の企業では個別業務を中心とした実行予算が重視される。

問2 販売費及び一般管理費の3機能の特質と予算管理の方法

営業費を機能的に分類すると、注文獲得費、注文履行費および全般管理費の3つに分けられる。このように分類する根拠は、主として予算管理を効果的に実施するためである。

① 注文獲得費（企画調査費、広告宣伝費、セールスプロモーション費など）

注文獲得費は、需要を喚起し、受注を促進するための機能から生じるコストである。この注文獲得費は、経営者の方針により決定する政策費の性格をもつことから、割り当てられた予算でどのくらいの成果（収益）をあげられるかが重要となる。しかし、注文獲得費の成果の測定は難しく、割当予算のかたちで設定し、その予算と実績との比較によって管理する。

② 注文履行費（物流費、集金関係費、アフターサービス費など）

注文履行費は、獲得した注文を履行するために実施する機能から生じるコストである。この注文履行費は、受注を原因として反復的・機械的に発生することから、その支出額は成果と何らかの因果関係がある。そのため、能率測定がしやすく、変動予算や標準原価を設定して管理する。

③ 全般管理費（総務部・経理部・社長室などの機能関係費）

全般管理費は、製造および営業を中心とした企業全体の活動の維持、管理に関連して生じるコストである。この全般管理費は、注文獲得や履行とは無関係に、多様かつ非定型的に発生することから、固定予算として管理する。

第2問 ● 材料費計算に関する語句選択問題

『原価計算基準』11「材料費会計」の部分からの抜粋である。適語を補充すると以下のようになる。

(1) 直接材料費、補助材料費等であって、[1 オ 出入記録] を行う材料に関する原価は、各種の材料につき原価計算期間における実際の消費量にその消費価格を乗じて計算する。

(2) 材料の実際消費量は、原則として [2 イ 継続記録法] によって計算する。ただし、材料であって、その消費量を [2 イ 継続記録法] によって計算することが困難なもの又はその必要のないものについては、[3 サ 棚卸計算法] を適用することができる。

(3) 材料の [4 キ 購入原価] は、原則として実際の [4 キ 購入原価] とし、次のいずれかの金額によって計算する。

(a) 購入代価に買入手数料、引取運賃、荷役費、[5 エ 保険] 料、関税等材料買入に要した引取費用を加算した金額。

(b) 購入代価に引取費用並びに購入事務、検収、整理、選別、手入、[6 ス 保管] 等に要した費用(引取費用と合わせて以下これを「[7 シ 材料副費]」という。)を加算した金額。ただし、必要ある場合には、引取費用以外の [7 シ 材料副費] の一部を購入代価に加算しないことができる。

(4) 購入した材料に対して値引又は割戻等を受けたときには、これを材料の [4 キ 購入原価] から控除する。ただし、値引又は割戻等が材料消費後に判明した場合には、これを [8 セ 同種材料] の [4 キ 購入原価] から控除し、値引又は割戻等を受けた材料が判明しない場合には、これを当期の [7 シ 材料副費] 等から控除し、又はその他適当な方法によって処理することができる。

第3問 ● 基準操業度の選択

問1 基準操業度として実現可能最大操業度を採用していた場合

実現可能最大操業度とは、不可避的な作業休止時間を除いた技術的に実現可能な最大操業水準である。

実現可能最大操業度：10台×８時間×250日－2,000時間＝18,000時間

18,000時間のときの変動費予算が5,400,000円であることから、変動費率は次のように計算される。

変動費率：5,400,000円÷18,000時間＝300円/時間

(注) 変動費率は、基準操業度が変更されても変わらず300円/時間である。

固定費予算が8,100,000円であることから、固定費率は次のように計算される。

固定費率：8,100,000円÷18,000時間＝450円/時間

(注) 固定費は、基準操業度が変更されても予算額は8,100,000円であるため、固定費率は変わってくる。

よって、実際可能最大操業度を基準操業度にしたときの予定配賦率は次のとおりである。

予定配賦率：300円/時間＋450円/時間＝750円/時間

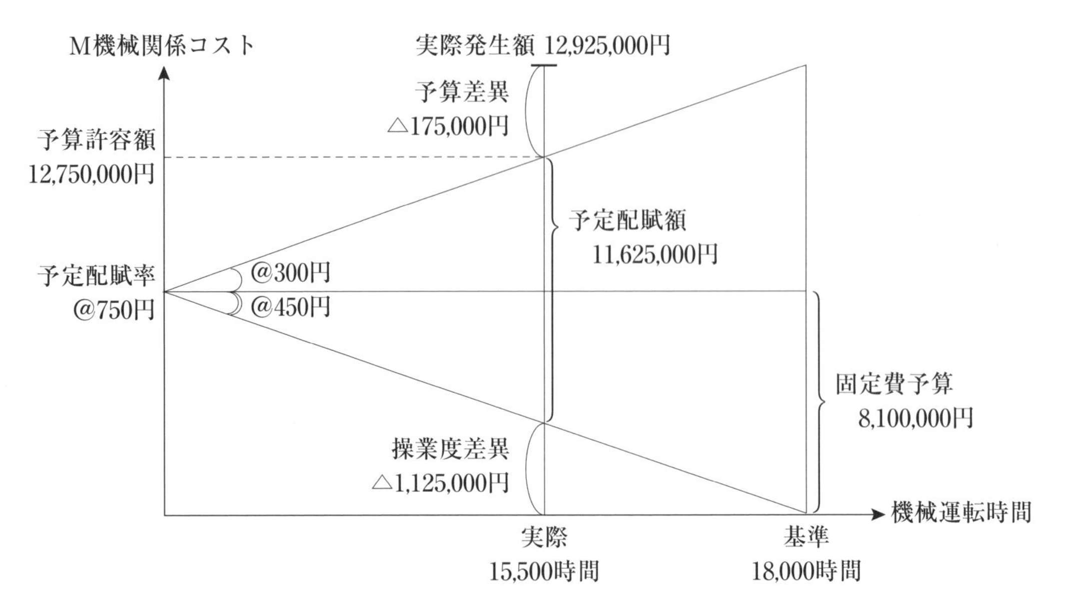

予定配賦額：750円/時間×15,500時間＝**11,625,000円**

予 算 差 異：300円/時間×15,500時間＋8,100,000円－12,925,000円＝(－)**175,000円**〔不利差異：B〕

（予算許容額 12,750,000円、実際発生額）

操業度差異：450円/時間×(15,500時間－18,000時間)＝(－)**1,125,000円**〔不利差異：B〕

（実際、基準）

問2 基準操業度として長期正常操業度（5年間）を採用していた場合

長期正常操業度とは、将来4～5年の景気動向を考慮して、それを平準化した操業水準である。

長期正常操業度：(14,000時間＋14,000時間＋15,000時間＋16,000時間＋16,000時間)÷5年

＝15,000時間

変動費率は 問1 と同じであるが、固定費率は基準操業度の変更によって変わってくる。

変動費率：5,400,000円÷18,000時間＝300円/時間

固定費率：8,100,000円÷15,000時間＝540円/時間

よって、長期正常操業度を基準操業度にしたときの予定配賦率は次のとおりである。

予定配賦率：300円/時間＋540円/時間＝840円/時間

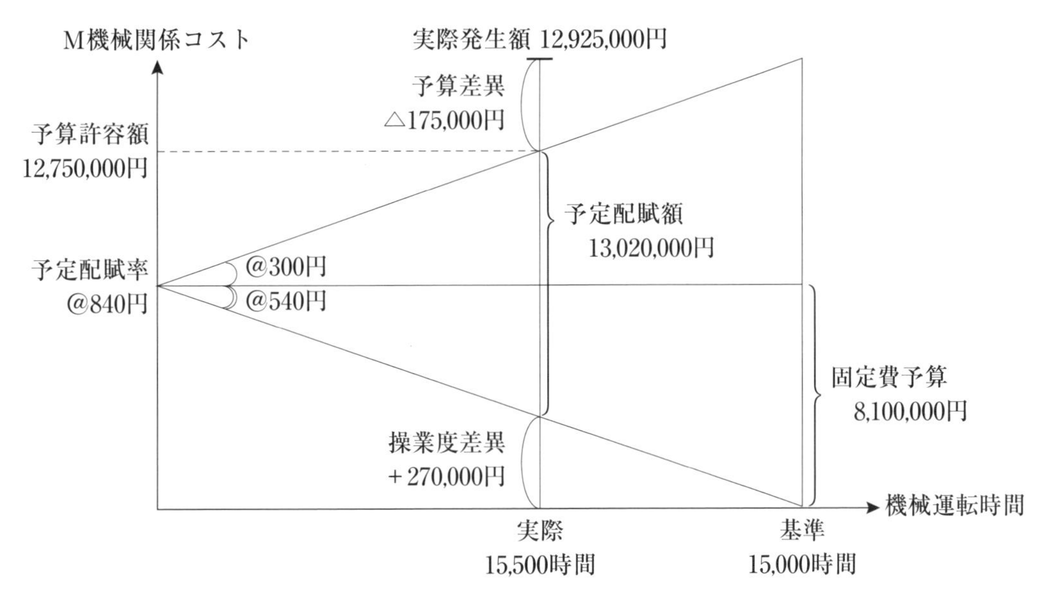

予定配賦額：840円/時間×15,500時間＝**13,020,000円**

予算差異：300円/時間×15,500時間＋8,100,000円－12,925,000円＝(−)**175,000円**〔不利差異：B〕
（予算許容額 12,750,000円）（実際発生額）

(注) 予算許容額は 問1 と同じであるため、予算差異は 問1 と同額になる。

操業度差異：540円/時間×(15,500時間－15,000時間)＝(+)**270,000円**〔有利差異：A〕
（実際）（基準）

問3 基準操業度として次期予定操業度を採用していた場合

次期予定操業度とは、次期の販売能力を考慮して達成が期待される操業水準である。

次期予定操業度：16,000時間（第5年度のM機械予定運転時間）

(注) 当期は第5年度であり、第4年度に次期予定操業度を見積るため。

変動費率は 問1 と同じであるが、固定費率は基準操業度の変更によって変わってくる。

変動費率：5,400,000円÷18,000時間＝300円/時間

固定費率：8,100,000円÷16,000時間＝506.25円/時間

よって、次期予定操業度を基準操業度にしたときの予定配賦率は次のとおりである。

予定配賦率：300円/時間＋506.25円/時間＝806.25円/時間

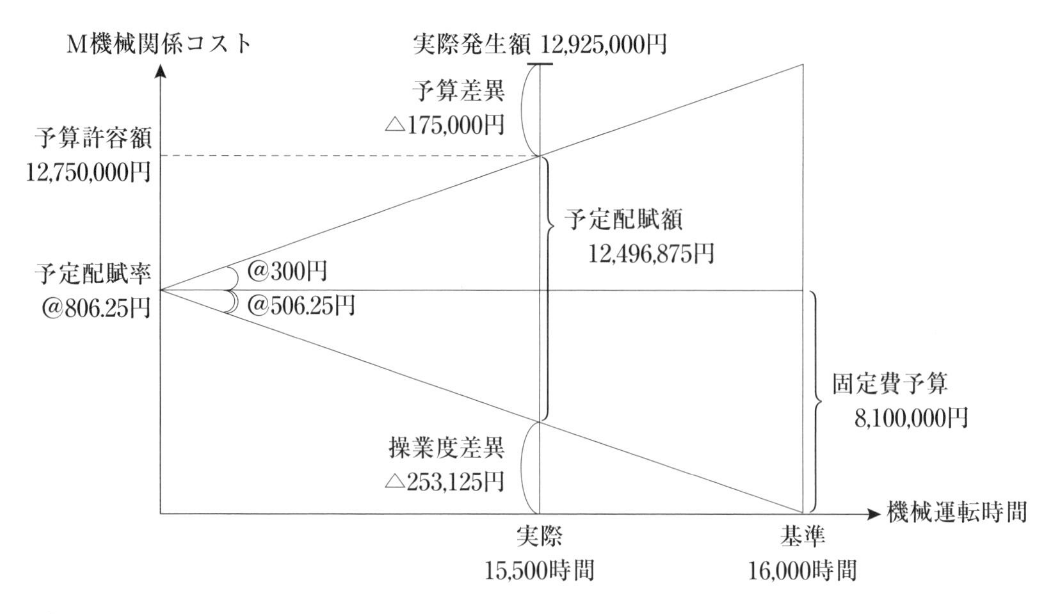

予定配賦額：806.25円/時間×15,500時間＝**12,496,875円**

予 算 差 異：300円/時間×15,500時間＋8,100,000円－12,925,000円＝(－)**175,000円**〔不利差異：**B**〕
（300円/時間×15,500時間＋8,100,000円：予算許容額 12,750,000円、12,925,000円：実際発生額）

（注）予算許容額は 問1 と同じであるため、予算差異は 問1 と同額になる。

操業度差異：506.25円/時間×(15,500時間－16,000時間)＝(－)**253,125円**〔不利差異：**B**〕
（15,500時間：実際、16,000時間：基準）

第4問 ● 取替投資の意思決定

問1 非現金支出費用

ア．既存設備の年間減価償却費：45,000,000円÷(６年＋３年)＝**5,000,000円**

イ．新設備の年間減価償却費：54,000,000円÷３年＝**18,000,000円**

ウ．既存設備の税金支払額の減少（タックス・シールド）：5,000,000円×30％＝**1,500,000円**

エ．新設備の税金支払額の減少（タックス・シールド）：18,000,000円×30％＝**5,400,000円**

オ．既存設備の売却損：45,000,000円－5,000,000円×６年－12,000,000円＝**3,000,000円**
（45,000,000円－5,000,000円×６年：現時点の簿価 15,000,000円、12,000,000円：売却価額）

なお、現時点における既存設備の売却の仕訳を示せば、次のとおりである。

借方科目	金額	貸方科目	金額
(減価償却累計額)	30,000,000※	(設備)	45,000,000
(現金)	12,000,000		
(設備売却損)	3,000,000		

※ 5,000,000円×６年＝30,000,000円

カ．売却損により節約される税金支払額：3,000,000円×30％＝**900,000円**

問2 正味現在価値法による判定

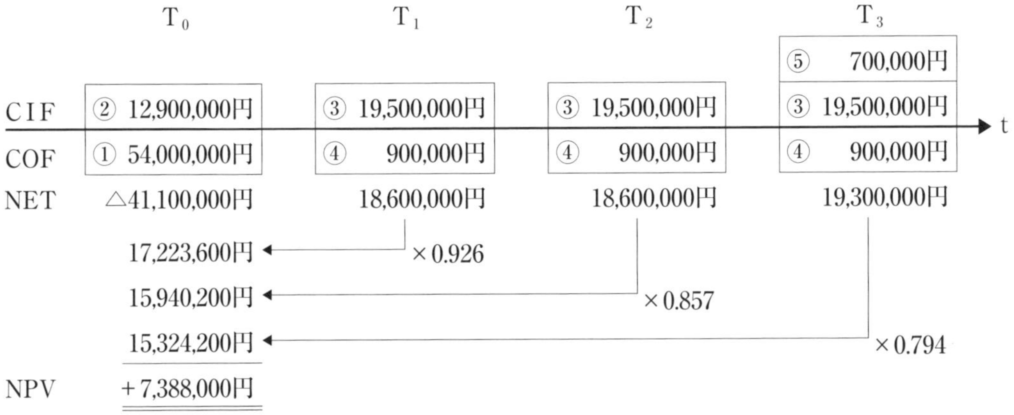

	T_0	T_1	T_2	T_3
				⑤ 700,000円
CIF	② 12,900,000円	③ 19,500,000円	③ 19,500,000円	③ 19,500,000円
COF	① 54,000,000円	④ 900,000円	④ 900,000円	④ 900,000円
NET	△41,100,000円	18,600,000円	18,600,000円	19,300,000円
	17,223,600円 ←	× 0.926		
	15,940,200円 ←		× 0.857	
	15,324,200円 ←			× 0.794
NPV	+ 7,388,000円			

① 新設備の取得原価：54,000,000円

② 既存設備の現時点での売却に伴うキャッシュ・フロー：12,000,000円（売却価額）＋900,000円（売却損による税金節約額）＝12,900,000円

③ 既存設備の年々のキャッシュ・フロー：△30,000,000円×（100％－30％）＋1,500,000円
＝△19,500,000円

（注）新設備に取り替えることを前提にキャッシュ・フローを集計すれば、既存設備の年々のキャッシュ・アウトフローは、機会原価として計上されるためキャッシュ・インフローになる。

④ 新設備の年々のキャッシュ・フロー：△9,000,000円×（100％－30％）＋5,400,000円＝△900,000円

⑤ 新設備の３年後の売却に伴うキャッシュ・フロー：1,000,000円（売却価額）－1,000,000円×30％（売却益による税金増加額）＝700,000円

なお、３年後における新設備の売却の仕訳を示せば、次のとおりである。

（減価償却累計額）	54,000,000	（設　　　　備）	54,000,000
（現　　　　金）	1,000,000	（設備売却益）	1,000,000

正味現在価値：18,600,000円×0.926＋18,600,000円×0.857＋19,300,000円×0.794－41,100,000円
＝（+）**7,388,000円**（有利：**A**）

第5問●総合問題

工事原価計算表

20×7年6月1日～20×7年6月30日　　　　（単位：円）

	701工事	702工事	703工事	704工事	合　計
月初未成工事原価	446,930	205,960※	——	——	652,890
当月発生工事原価					
1．材料費					
(1)甲材料費	——	430,000	699,000	350,000	1,479,000
(2)乙材料費	23,400	——	9,900	40,200	73,500
材料費計	23,400	430,000	708,900	390,200	1,552,500
2．労務費					
(1)重機械オペレーター	93,720	176,700	312,400	218,680	801,500
(2)労務外注費	20,100	68,560	77,980	141,110	307,750
労務費計	113,820	245,260	390,380	359,790	1,109,250
3．外注費	25,880	93,990	87,430	151,700	359,000
4．経　費					
(1)直接経費	7,000	15,040	27,900	43,600	93,540
(2)人件費	32,730	61,600	165,200	165,450	424,980
(3)重機械部門費	24,000	42,000	81,600	73,200	220,800
経費計	63,730	118,640	274,700	282,250	739,320
当月完成工事原価	673,760	1,093,850	1,461,410	——	3,229,020
月末未成工事原価	——	——	——	1,183,940	1,183,940

※　資料3(2)より、702工事の月初未成工事原価（215,210円）から乙材料の仮設工事完了時評価額（9,250円）を控除する。

1．材料費

(1) 甲材料費（常備材料）

資料3(1)より、先入先出法によって各工事の消費額を計算する。

1日 前月繰越 @1,000円 500本	5日（704工事） 400本 20日 戻り△50本	704工事：@1,000円×（400本－50本）＝350,000円
	16日（702工事） 100本	702工事：@1,000円×100本＋@1,100円×300本 ＝430,000円
2日 購入 @1,100円 500本	300本	
	22日（703工事） 20日 戻り 50本 200本	703工事：@1,000円×50本＋@1,100円×200本 ＋@1,170円×200本＋@1,300円×150本 ＝699,000円
10日 購入 @1,170円※ 200本	200本	
21日 購入 @1,300円 250本	150本	
	月末在庫 100本	

※ （@1,200円×200本－6,000円）÷200本＝@1,170円

(2) 乙材料費（仮設工事用の資材）

資料3(2)より、すくい出し法により処理するため、仮設工事完了時評価額を投入額から控除する。なお、702工事については、月初未成工事原価の材料費59,400円（資料2(1)）から控除する。

701工事：38,200円－14,800円＝23,400円

703工事：39,100円－29,200円＝ 9,900円

704工事：40,200円

2．労務費

(1) 重機械のオペレーター

資料4より、実際発生額を配賦しているため、まず当月要支払額を計算し、その要支払額を従事日数で割ることで実際配賦率を算定する。次いで、その実際配賦率に各工事の従事日数を掛けることにより、各工事の実際配賦額を計算する。なお、(2)より702工事においては、残業手当を別途加算する。

当月支払 780,500円	前月未払 105,500円
	当月要支払額（差額） 781,000円
当月未払 106,000円	

当月要支払額：780,500円－105,500円＋106,000円＝781,000円

実際配賦率：781,000円÷25日＝@31,240円

701工事：@31,240円× 3 日＝93,720円

702工事：@31,240円× 5 日＋20,500円（残業手当）＝176,700円

703工事：@31,240円×10日＝312,400円

704工事：@31,240円× 7 日＝218,680円

(2) 労務外注費

資料5の「労務外注」をそのまま集計する。

3．外注費

資料5の「一般外注」をそのまま集計する。

4．経　費

⑴　直接経費

資料6⑴のうち、動力用水光熱費、労務管理費および事務用品費の合計額を計上する。

701工事：　3,800円＋　2,100円＋1,100円＝　7,000円

702工事：　4,050円＋　6,900円＋4,090円＝15,040円

703工事：11,700円＋11,500円＋4,700円＝27,900円

704工事：13,300円＋20,400円＋9,900円＝43,600円

⑵　人件費

資料6⑴および⑵より、従業員給料手当、法定福利費、福利厚生費およびW氏の役員報酬額の合計額を計上する。施工管理技術者であるW氏の役員報酬は、当月役員報酬発生額を、施工管理業務の従事時間と役員としての一般管理業務時間の合計で割ることにより配賦率を算定し、その配賦率に各工事の従事時間を掛けることにより計算する。なお、工事原価と一般管理費の業務との間に等価係数を設定しているため、配賦率を計算する際に施工管理業務の従事時間には1.2を、一般管理業務時間には1.0を掛けて計算する。

W氏の役員報酬額：701工事；$\dfrac{597{,}800円}{80時間 \times 1.2 + 100時間 \times 1.0}$ × 5時間×1.2＝　18,300円

702工事；　〃　×10時間×1.2＝　36,600円

703工事；　〃　×35時間×1.2＝128,100円

704工事；　〃　×30時間×1.2＝109,800円

701工事：　9,980円＋1,110円＋　3,340円＋　18,300円＝　32,730円

702工事：13,500円＋3,300円＋　8,200円＋　36,600円＝　61,600円

703工事：21,500円＋5,500円＋10,100円＋128,100円＝165,200円

704工事：32,100円＋7,950円＋15,600円＋109,800円＝165,450円

⑶　重機械部門費

資料6⑶より、固定予算方式によって予定配賦率を算定し、その予定配賦率に工事別の使用実績（従事時間）を掛けて計算する。

予定配賦率：216,000円÷180時間＝@1,200円

701工事：@1,200円×20時間＝24,000円

702工事：@1,200円×35時間＝42,000円

703工事：@1,200円×68時間＝81,600円

704工事：@1,200円×61時間＝73,200円

問1 完成工事原価報告書の作成

当月に完成した701工事、702工事および703工事の工事原価を費目ごとに集計する。

(単位:円)

	701工事		702工事		703工事	合 計
	月 初	当 月	月 初	当 月	当 月	
材 料 費	145,700	23,400	50,150※	430,000	708,900	**1,358,150**
労 務 費	89,300	93,720	53,100	176,700	312,400	725,220
労務外注費	109,000	20,100	48,440	68,560	77,980	**324,080**
労務費計	198,300	113,820	101,540	245,260	390,380	**1,049,300**
外 注 費	20,600	25,880	22,470	93,990	87,430	**250,370**
経 費	82,330	63,730	31,800	118,640	274,700	**571,200**
(うち人件費)	(54,900)	(32,730)	(28,640)	(61,600)	(165,200)	**(343,070)**
合 計	446,930	226,830	205,960	887,890	1,461,410	**3,229,020**

※ 資料3(2)より、乙材料の仮設工事完了時評価額(9,250円)を控除する。

問2 未成工事支出金勘定の残高

工事原価計算表の704工事原価:**1,183,940円**

問3 配賦差異の当月末の勘定残高

① 重機械部門費予算差異(資料6(3)より)

当月の予算差異:216,000円(予算額)－222,000円(実際額)＝(−)6,000円(借方)

予算差異の勘定残高:(−)1,870円＋(−)6,000円＝(−)**7,870円**(借方残高:**A**)

② 重機械部門費操業度差異(資料6(3)より)

当月の操業度差異:@1,200円×(184時間(実際)－180時間(基準))＝(+)4,800円(貸方)

操業度差異の勘定残高:(+)800円＋(+)4,800円＝(+)**5,600円**(貸方残高:**B**)

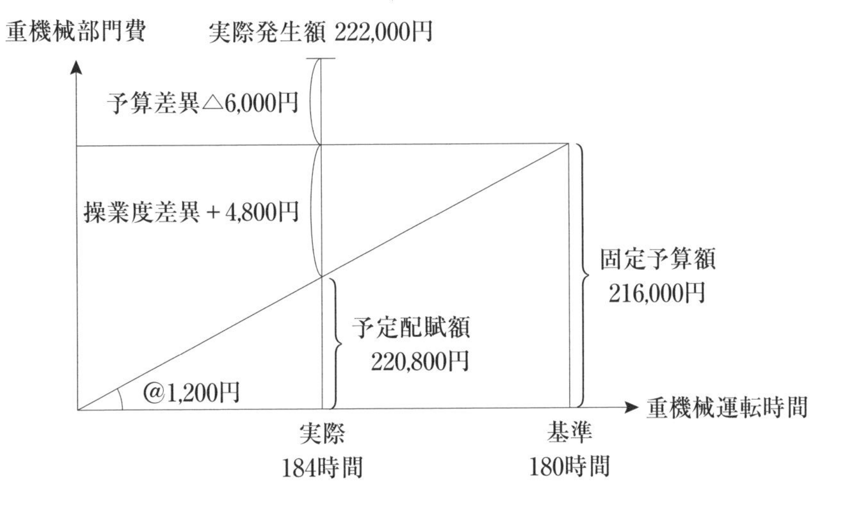

第27回 解答

問題 26

第1問 20点　解答にあたっては、それぞれ指定した字数以内（句読点を含む）で記入すること。

問1

コスト・コントロールには、動機づけコントロール、達
成コントロールおよび分析コントロールの３つのプロセ
スがある。❹まず、達成目標の作成への参加、原価標準の
内容の理解により達成行動へ動機づける。❷つぎに、日常
の行動を数値化して把握し、目標値との乖離度合を測定
して、必要な是正措置を具体化する。❷最終的に、目標値
と実績値の差異を計算、分析して、次の行為への情報を
提供し、より改善された方策を採用するよう教導する。❷

問2

ＡＢＣ（活動基準原価計算）とは、製造間接費（建設業
の工事間接費）をできる限りその発生と関係の深い活動
（アクティビティ）に結び付けて、その活動に集計され
たコストを直接的に製品やサービスに賦課していこうと
する手法である。❹建設業原価計算では、元来、工事ごと
に工事種類別のデータを把握することを原則としており
、工事種類は活動種類でもあることから、ＡＢＣは効果
的であるといえる。❸具体的には、適切な活動を設定し、
これら活動ごとに工事間接費をプールし、その活動の規
模とコストの大きさとが相関している適切なコストドラ
イバー（原価作用因）を選択して、これに基づいて活動
ごとにプールした工事間接費を各工事に配賦する。❸

第2問 10点

記号（AまたはB）	1	2	3	4	5	
	B	A	A	B	B	各❷

第3問 14点

問1

甲工事現場への当月配賦額 ¥ 317,835 ❽

問2

当月の損料差異 ¥ 19,465 記号（XまたはY） X ❻

第4問 18点

問1

甲製品

第1工程月末仕掛品原価	¥ 317850	❷
第1工程当月完成品原価	¥ 1206000	❷

乙製品

第1工程月末仕掛品原価	¥ 226800	❷
第1工程当月完成品原価	¥ 1051200	❷

問2

甲製品

第2工程月末仕掛品原価	¥ 412500	❷
当月完成品原価	¥ 1506750	❸

乙製品

第2工程月末仕掛品原価	¥ 152700	❷
当月完成品原価	¥ 1533600	❸

第5問 38点

問1

完成工事原価報告書

自　20×1年9月1日

至　20×1年9月30日

名古屋建設工業株式会社

（単位：円）

Ⅰ．材料費		3183700	❹
Ⅱ．労務費		354100	❹
Ⅲ．外注費		1414700	❹
Ⅳ．経　費		1178600	❹
（うち人件費	701100）❹		
完成工事原価		6131100	❷

問2

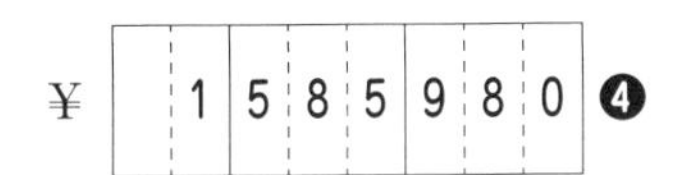

¥ 1585980 ❹

問3

①	P材料消費価格差異	¥ 2100	記号（AまたはB）	A	❹
②	運搬車両部門費予算差異	¥ 9100	記号（　同　上　）	A	❹
③	運搬車両部門費操業度差異	¥ 6900	記号（　同　上　）	B	❹

●数字…予想配点

第27回　解答への道　問題 26

第1問●記述問題

問1　コスト・コントロール（原価統制）の３つのプロセス

コスト・コントロール（原価統制）とは、執行活動に関して、原価標準が実現されるように、執行活動を指導、規制するとともに、原価能率を増進する措置を講ずることをいう。そのためには、各階層の経営管理者に対して、その原価責任を明確にし、執行活動の達成目標たる原価標準を伝達し、意欲づけ（モチベーション）を行う。次に、原価標準と原価の実際発生額の差異を算定し、その原因分析を行い、これらの資料を経営管理者に報告し、原価効率を増進する措置をとらせることが必要である。

よって、コスト・コントロール（原価統制）には、動機づけコントロール、達成コントロールおよび分析コントロールの３つのプロセスがある。

① 動機づけコントロール

達成目標の作成に関係者を参加させたり、原価標準の内容を十分に理解させたりすることによって、達成行動へ動機づける。

② 達成コントロール

日常の行動を数値によって的確に把握し、目標値との乖離度合を測定しながら、必要な是正措置を具体化していく。

③ 分析コントロール

目標値と実績値の差異を計算、分析して、次の行為への情報を提供し、同じ種類の間違いを繰り返さないよう、あるいは、より改善された方策を採用するように教導する。

問2　建設業におけるＡＢＣ（活動基準原価計算）の意義

伝統的な原価計算システムでは、主として製造間接費（建設業の工事間接費）の適切な配賦のために、製造間接費を発生した部門に割り当てて、製品別原価計算の精緻化を図っている。一方、ＡＢＣ（活動基準原価計算）では、そのような伝統的な部門別計算を廃して、製造間接費をできる限りその発生と関係の深い活動（アクティビティ）に結び付けて、その活動に集計されたコストを直接的に製品やサービスに賦課していこうとする。

建設業の原価計算にとって、ＡＢＣの考え方は有効であるか否かを考えてみると、元来、建設業原価計算では、工事ごとに工事種類別のデータを把握することを原則としており、工事種類は活動種類でもあるから、それ自体、ＡＢＣの発想であるということができる。ただ、工事間接費（現場共通費）の配賦という視点から考えれば、その適用効果は多様である。建設業といってもその規模と業種（工事種類）は様々であるから、一概にはいえないが、工事間接費を多く発生させる可能性のある企業にとって、ＡＢＣは効果的であるということができる。

第2問 ● 正誤問題

1．×　『原価計算基準』 2「原価計算制度」より、「原価計算制度は、財務会計機構のらち外において随時断片的に行なわれる原価の統計的、技術的計算ないし調査ではなくて、財務会計機構と有機的に結びつき常時継続的に行なわれる計算体系である。」

2．○　『原価計算基準』 8「製造原価要素の分類基準」（五）原価の管理可能性に基づく分類

3．○　『原価計算基準』31「個別原価計算」

4．×　『原価計算基準』 4「原価の諸概念」（一） 2より、「原価管理のために時として理想標準原価が用いられることがあるが、かかる標準原価は、この基準にいう制度としての標準原価ではない。」

5．×　事務職員の給料および手当（従業員給料手当）は労務費ではなく、人件費として経費に算入される。

第3問 ● 大型クレーンの損料計算

問1　甲工事現場への当月配賦額の計算

1．取得原価（損料計算上の基礎価格）の計算

取得価額をＡ（円）とおく。

運転１時間当たり損料：（Ａ×55％÷５年＋Ａ×90％÷５年÷２）÷1,300時間＝2,100円/時間

（Ａ×55％÷５年：修繕費予算、Ａ×90％÷５年÷２：減価償却費の半額）

∴　Ａ＝13,650,000（円）

2．供用１日当たり損料の計算

（13,650,000円×８％＋13,650,000円×90％÷５年÷２）÷200日＝11,602.5円/日

（13,650,000円×８％：管理費予算、13,650,000円×90％÷５年÷２：減価償却費の半額）

3．甲工事現場への当月配賦額

11,602.5円/日×14日＋2,100円/時間×74時間＝**317,835円**

問2　当月の損料差異の計算

実際発生額：132,550円＋13,650,000円×90％÷５年÷12ヵ月＝337,300円

（132,550円：修繕・管理費、13,650,000円×90％÷５年÷12ヵ月：減価償却費（月額）204,750円）

損料差異：317,835円－337,300円＝(－)**19,465円**（配賦不足：Ｘ）

第４問 ● 工程別組別総合原価計算

問１ 第１工程の計算

１．甲製品の計算（平均法）

(1) 原材料費

第１工程仕掛品－原材料費

	借方	貸方
195,000円	月初 500kg	完成品 2,250kg
852,000円	当月投入 2,500kg	月末 750kg

月末仕掛品原価：

$$\frac{195{,}000円 + 852{,}000円}{2{,}250\text{kg} + 750\text{kg}} \times 750\text{kg} = 261{,}750円$$

完成品総合原価：

195,000円＋852,000円－261,750円＝785,250円

(2) 組間接費

当月製造費用：750円×600時間＝450,000円

第１工程仕掛品－組間接費

	借方	貸方
26,850円	月初 100kg	完成品 2,250kg
450,000円	当月投入 2,450kg	月末 300kg

月末仕掛品原価：

$$\frac{26{,}850円 + 450{,}000円}{2{,}250\text{kg} + 300\text{kg}} \times 300\text{kg} = 56{,}100円$$

完成品総合原価：

26,850円＋450,000円－56,100円＝420,750円

(3) まとめ

第１工程月末仕掛品原価：261,750円＋ 56,100円＝ **317,850円**

第１工程当月完成品原価：785,250円＋420,750円＝**1,206,000円**（第２工程・前工程費へ）

２．乙製品の計算（平均法）

(1) 原材料費

第１工程仕掛品－原材料費

	借方	貸方
120,000円	月初 400kg	完成品 2,400kg
834,000円	当月投入 2,600kg	月末 600kg

月末仕掛品原価：

$$\frac{120{,}000円 + 834{,}000円}{2{,}400\text{kg} + 600\text{kg}} \times 600\text{kg} = 190{,}800円$$

完成品総合原価：

120,000円＋834,000円－190,800円＝763,200円

(2) 組間接費

当月製造費用：780円×400時間＝312,000円

第１工程仕掛品－組間接費

	借方	貸方
12,000円	月初 100kg	完成品 2,400kg
312,000円	当月投入 2,600kg	月末 300kg

月末仕掛品原価：

$$\frac{12{,}000円 + 312{,}000円}{2{,}400\text{kg} + 300\text{kg}} \times 300\text{kg} = 36{,}000円$$

完成品総合原価：

12,000円＋312,000円－36,000円＝288,000円

(3) まとめ

第１工程月末仕掛品原価：190,800円＋ 36,000円＝ **226,800円**

第１工程当月完成品原価：763,200円＋288,000円＝**1,051,200円**（第２工程・前工程費へ）

問2 第２工程の計算

1．甲製品の計算（平均法）

(1) 前工程費

第２工程仕掛品－前工程費

238,250円	月初 400kg	完成品 2,050kg
1,206,000円	当月投入 2,250kg	月末 600kg

月末仕掛品原価：

$$\frac{238{,}250\text{円}+1{,}206{,}000\text{円}}{2{,}050\text{kg}+600\text{kg}}\times 600\text{kg}=327{,}000\text{円}$$

完成品総合原価：

$238{,}250\text{円}+1{,}206{,}000\text{円}-327{,}000\text{円}$
$=1{,}117{,}250\text{円}$

(2) 組間接費

当月製造費用：900円×480時間＝432,000円

第２工程仕掛品－組間接費

43,000円	月初 200kg	完成品 2,050kg
432,000円	当月投入 2,300kg	月末 450kg

月末仕掛品原価：

$$\frac{43{,}000\text{円}+432{,}000\text{円}}{2{,}050\text{kg}+450\text{kg}}\times 450\text{kg}=85{,}500\text{円}$$

完成品総合原価：

$43{,}000\text{円}+432{,}000\text{円}-85{,}500\text{円}=389{,}500\text{円}$

(3) まとめ

第２工程月末仕掛品原価：　327,000円＋　85,500円＝　**412,500円**

当　月　完　成　品　原　価：1,117,250円＋389,500円＝**1,506,750円**

2．乙製品の計算（平均法）

(1) 前工程費

第２工程仕掛品－前工程費

298,800円	月初 600kg	完成品 2,700kg
1,051,200円	当月投入 2,400kg	月末 300kg

月末仕掛品原価：

$$\frac{298{,}800\text{円}+1{,}051{,}200\text{円}}{2{,}700\text{kg}+300\text{kg}}\times 300\text{kg}=135{,}000\text{円}$$

完成品総合原価：

$298{,}800\text{円}+1{,}051{,}200\text{円}-135{,}000\text{円}$
$=1{,}215{,}000\text{円}$

(2) 組間接費

当月製造費用：950円×320時間＝304,000円

第２工程仕掛品－組間接費

32,300円	月初 240kg	完成品 2,700kg
304,000円	当月投入 2,610kg	月末 150kg

月末仕掛品原価：

$$\frac{32{,}300\text{円}+304{,}000\text{円}}{2{,}700\text{kg}+150\text{kg}}\times 150\text{kg}=17{,}700\text{円}$$

完成品総合原価：

$32{,}300\text{円}+304{,}000\text{円}-17{,}700\text{円}=318{,}600\text{円}$

(3) まとめ

第２工程月末仕掛品原価：　135,000円＋　17,700円＝　**152,700円**

当　月　完　成　品　原　価：1,215,000円＋318,600円＝**1,533,600円**

第5問 ● 総合問題

工事原価計算表

20×1年9月1日～20×1年9月30日　　　　　(単位：円)

	102工事	103工事	104工事	105工事	合　計
月初未成工事原価	525,300	206,200	——	——	731,500
当月発生工事原価					
1．材料費					
(1)P材料費	202,500	517,500	1,080,000	360,000	2,160,000
(2)Q材料費	——	515,000	604,000	665,000	1,784,000
材料費計	202,500	1,032,500	1,684,000	1,025,000	3,944,000
2．労務費	32,500	62,500	107,500	65,000	267,500
3．外注費	240,000	329,500	604,000	274,200	1,447,700
4．経　費					
(1)直接経費	66,500	122,400	156,000	64,400	409,300
(2)人件費	114,900	212,100	327,400	123,580	777,980
(3)運搬車両部門費	16,900	32,500	55,900	33,800	139,100
経費計	198,300	367,000	539,300	221,780	1,326,380
当月完成工事原価	1,198,600	1,997,700	2,934,800	——	6,131,100
月末未成工事原価	——	——	——	1,585,980	1,585,980

1．材料費

(1)　P材料費（引当資材）

資料3(1)より、予定単価（@4,500円）を工事別購入（消費）量（投入量）に掛けて計算する。

102工事：@4,500円× 45kg＝ 202,500円

103工事：@4,500円×115kg＝ 517,500円

104工事：@4,500円×240kg＝1,080,000円

105工事：@4,500円× 80kg＝ 360,000円

⑵　Q材料費（常備材料）

資料3⑵より、先入先出法によって各工事の消費額を計算する。

受入	払出	計算
1日　前月繰越 @1,700円 250本	8日（103工事） 250本	103工事：@1,700円×250本＋@1,800円×50本 ＝515,000円
@1,800円 150本	50本	
	10日 返品(注)50本	
	17日（105工事） 50本	105工事：@1,800円×50本＋@1,900円×250本 ＋@2,000円×（100本－50本）＝665,000円
7日　購入 @1,900円 250本	250本	
13日　購入 @2,000円 300本	100本－戻り50本	
	27日（104工事） 250本	104工事：@2,000円×250本＋@2,080円×50本 ＝604,000円
20日　購入 @2,080円 250本	50本	
	月末在庫 200本	

（注）10日の7日購入分（@1,900円）の返品は、問題文に「通常の払出しと同様に処理する」とあるため、先入先出法で払い出すことになり、@1,800円の材料を返品したと考える。

2．労務費（Z労務作業費）

資料4より、予定賃率（@2,500円）を各工事の実際作業時間（Z作業時間）に掛けて計算する。

102工事：@2,500円×13時間＝ 32,500円

103工事：@2,500円×25時間＝ 62,500円

104工事：@2,500円×43時間＝107,500円

105工事：@2,500円×26時間＝ 65,000円

3．外注費

資料5より、労務外注費はそのまま外注費として計上するため、一般外注と労務外注の合計額を集計する。

102工事： 62,500円＋177,500円＝240,000円

103工事：112,000円＋217,500円＝329,500円

104工事：301,000円＋303,000円＝604,000円

105工事： 93,000円＋181,200円＝274,200円

4．経　費

⑴　直接経費

資料6⑴のうち、労務管理費と雑費他の合計額を計上する。

102工事： 42,700円＋23,800円＝ 66,500円

103工事： 89,100円＋33,300円＝122,400円

104工事：115,500円＋40,500円＝156,000円

105工事： 42,100円＋22,300円＝ 64,400円

⑵　人件費

資料６⑴および⑵より、従業員給料手当、法定福利費、福利厚生費およびＳ氏の役員報酬額の合計額を計上する。施工管理技術者であるＳ氏の役員報酬は、当月役員報酬発生額を、施工管理業務の従事時間と役員としての一般管理業務時間の合計で割ることにより配賦率を算定し、その配賦率に各工事の従事時間を掛けることにより計算する。なお、工事原価と一般管理費の業務との間に等価係数を設定しているため、配賦率を計算する際に施工管理業務の従事時間には1.2を、一般管理業務時間には1.0を掛けて計算する。

Ｓ氏の役員報酬額：102工事；$\dfrac{594{,}000円}{100時間\times1.2+100時間\times1.0}\times10時間\times1.2=\ 32{,}400円$

103工事；　〃　$\times20時間\times1.2=\ 64{,}800円$

104工事；　〃　$\times50時間\times1.2=162{,}000円$

105工事；　〃　$\times20時間\times1.2=\ 64{,}800円$

102工事：　64,100円＋　9,900円＋　8,500円＋　32,400円＝114,900円

103工事：111,100円＋14,700円＋21,500円＋　64,800円＝212,100円

104工事：118,000円＋12,500円＋34,900円＋162,000円＝327,400円

105工事：　44,400円＋　5,500円＋　8,880円＋　64,800円＝123,580円

⑶　運搬車両部門費

資料６⑶より、変動予算方式により予定配賦率を算定し、その予定配賦率に各工事のＺ作業時間（資料４）を掛けて計算する。

予定配賦率：変動費率@400円＋$\dfrac{1{,}080{,}000円}{1{,}200時間}$（＝固定費率@900円）＝@1,300円

102工事：@1,300円×13時間＝16,900円

103工事：@1,300円×25時間＝32,500円

104工事：@1,300円×43時間＝55,900円

105工事：@1,300円×26時間＝33,800円

問１　完成工事原価報告書の作成

当月に完成した102工事、103工事および104工事の工事原価を費目ごとに集計する。

（単位：円）

	102工事		103工事		104工事	合　計
	月　初	当　月	月　初	当　月	当　月	
材　料　費	192,000	202,500	72,700	1,032,500	1,684,000	**3,183,700**
労　務　費	109,500	32,500	42,100	62,500	107,500	**354,100**
外　注　費	174,700	240,000	66,500	329,500	604,000	**1,414,700**
経　　　費	49,100	198,300	24,900	367,000	539,300	**1,178,600**
（うち人件費）	(34,900)	(114,900)	(11,800)	(212,100)	(327,400)	**(701,100)**
合　　計	525,300	673,300	206,200	1,791,500	2,934,800	**6,131,100**

問２　未成工事支出金勘定の残高

工事原価計算表の105工事原価：**1,585,980円**

問3 配賦差異の当月末の勘定残高

① P材料消費価格差異（資料3(1)より）

当月のP材料消費価格差異：@4,500円×480kg（予定）－2,164,000円（実際）＝(－)4,000円（借方）

P材料消費価格差異の勘定残高：(＋)1,900円＋(－)4,000円＝(－)**2,100円**（借方残高：A）

② 運搬車両部門費予算差異（資料6(3)より）

当月の予算差異：@400円×107時間＋1,080,000円÷12か月（予算許容額 132,800円）－141,000円（実際）＝(－)8,200円（借方）

予算差異の勘定残高：(－)900円＋(－)8,200円＝(－)**9,100円**（借方残高：A）

③ 運搬車両部門費操業度差異（資料6(3)より）

当月の操業度差異：@900円×(107時間（実際）－1,200時間÷12か月（基準 100時間）)＝(＋)6,300円（貸方）

操業度差異の勘定残高：(＋)600円＋(＋)6,300円＝(＋)**6,900円**（貸方残高：B）

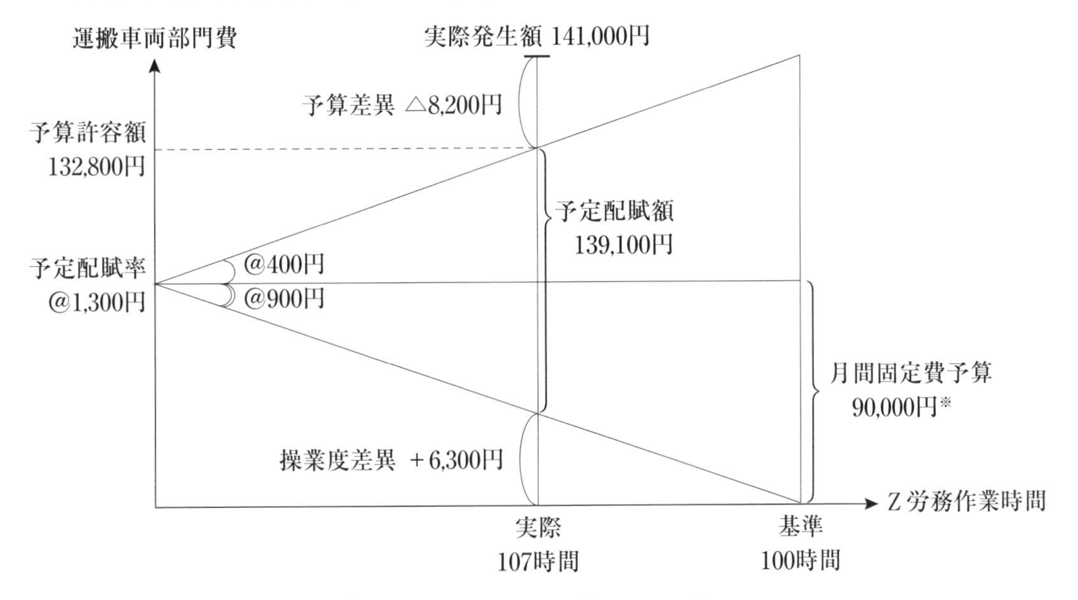

※ 月間固定費予算：1,080,000円÷12か月＝90,000円

第28回　解答

問題　32

第1問　20点

解答にあたっては、それぞれ指定した字数以内（句読点を含む）で記入すること。

問1

建設業の特性の一つとして、外注依存度が高いことが挙
げられる。❸建設工事は、それが大きくなればなるほど、
重階層的な産業組織を利用して実施される。さらに、多
種の専門工事作業を必要とするため、多くの外注業者を
活用する。❸したがって、通常の原価計算では、原価を材
料費・労務費・経費の3つに区分しているが、建設業の
原価計算では、伝統的に、材料費・労務費・外注費・経
費の原価4区分法が採用されている。❹

問2

天下り型予算とは、経営者が予算を編成し、これを部門
管理者に強制させる方式である。❷これには経営者の方針
と整合的な予算を編成できるという長所があるが、部門
管理者の予算達成の動機づけができないという短所もあ
る。❷一方、積上げ型予算とは、部門管理者が部門予算を
作成し、それらを集計して総合予算を編成する方式であ
る。❷こちらには部門管理者に予算達成の動機づけができ
るという長所があるが、経営者の方針と整合性がとれな
いという短所もある。❷それぞれに短所があることから、
現実には、予算編成方針を各部門に示達し、部門管理者
がそれに基づいて部門予算を作成し、それらを調整して
総合予算を編成する折衷型予算を採用することが多い。❷

第2問 10点

記号（ア〜ナ）

1	2	3	4	5	6	7	8
ク	コ	タ	カ	シ	ソ	セ	キ

各❶
すべて正解で＋❷

第3問 12点

No. 403 現場　¥ 106,092 ❸

No. 404 現場　¥ 88,163 ❸

No. 405 現場　¥ 55,857 ❸

No. 406 現場　¥ 201,805 ❸

第4問　20点

問1

P投資案　1,180,280 千円 ❹

Q投資案　391,158 千円 ❹

問2

P投資案　3.8 年 ❷

Q投資案　3.1 年 ❷

問3

P投資案　12 % ❷

Q投資案　25 % ❷

問4

P投資案　212,503 千円 ❷

Q投資案　361,776 千円 ❷

第5問 38点

問1

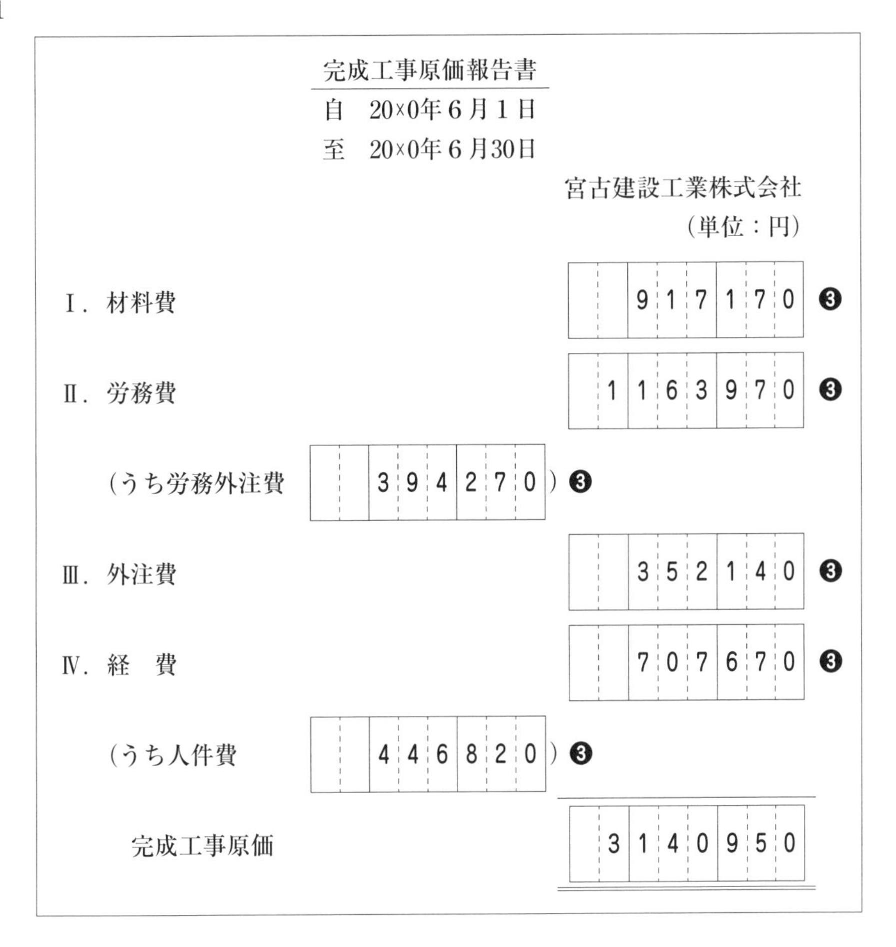

完成工事原価報告書
自　20×0年6月1日
至　20×0年6月30日

宮古建設工業株式会社
（単位：円）

Ⅰ．材料費		917170	❸
Ⅱ．労務費		1163970	❸
（うち労務外注費	394270） ❸		
Ⅲ．外注費		352140	❸
Ⅳ．経　費		707670	❸
（うち人件費	446820） ❸		
完成工事原価		3140950	

問2

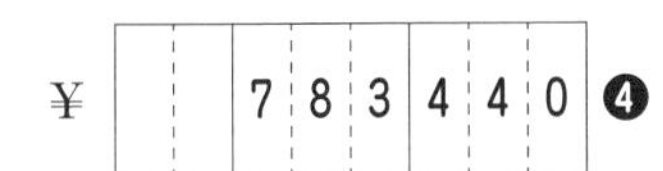

¥ 783440 ❹

問3

① 材料副費配賦差異	¥ 4910	記号（AまたはB）	A	❹
② 材料消費価格差異	¥ 9085	記号（ 同 上 ）	A	❹
③ 重機械部門費予算差異	¥ 4700	記号（ 同 上 ）	A	❹
④ 重機械部門費操業度差異	¥ 8350	記号（ 同 上 ）	B	❹

●数字…予想配点

第28回 解答への道　問題 32

第1問 ● 記述問題

問1 建設業の特性と原価計算

建設業の特性として、受注請負生産業であること、公共工事が多いこと、生産期間（工事期間）が長いことなど、様々なものがある。そのなかでも建設業の原価計算に影響を与えているものとして、建設業は典型的な受注請負産業であることが挙げられる。そのため、原価計算としては、個々の工事別に原価を集計する個別原価計算が採用される。また、建設業は外注依存度が高いことが挙げられる。1つの建設工事の完成のためには、多種多様な専門工事あるいは作業を必要とし、しかもそれらが単品生産物のために実施されることから、すべての工事完了のためには、多くの外注業者を必要とする。そのため、通常の原価計算では、原価を材料費・労務費・経費の3つに区分しているが、建設業の原価計算では、伝統的に、材料費・労務費・外注費・経費の4区分が採用されている。

問2 天下り型予算と積上げ型予算

天下り（トップダウン）型予算とは、上層部（経営者）の達成目標を明確に織り込んだ予算をトップの名によって各部門に指示する方式の予算である。天下り型予算には、経営者の方針と整合的な予算を編成できるという長所がある反面、部門管理者の予算達成の動機づけができないという短所がある。

積上げ（ボトムアップ）型予算とは、各部門での自主的な予算編成を尊重し、これを若干の修正によって総合予算化する方式の予算である。積上げ型予算には、部門管理者に予算達成の動機づけができるという長所がある反面、経営者の方針と整合性がとれないという短所がある。

いずれの方式も長所短所相半ばするため、現実的には折衷方式の予算編成システムを採用することが多い。

第2問 ● 設定前文の語句選択問題

『原価計算基準』の前文「原価計算基準の設定について」からの抜粋である。適語を補充すると以下のようになる。

わが国における原価計算は、従来、［1 ク 財務諸表］を作成するに当たって真実の原価を正確に算定表示するとともに、［2 コ 価格計算］に対して資料を提供することを主たる任務として成立し、発展してきた。

しかしながら、近時、［3 タ 経営管理］のため、とくに業務計画および原価管理に役立つための原価計算への要請は、著しく強まってきており、今日原価計算に対して与えられる目的は、単一ではない。すなわち、企業の原価計算制度は、真実の原価を確定して［1 ク 財務諸表］の作成に役立つとともに、原価を分析し、これを［4 カ 経営管理者］に提供し、もって業務計画および原価管理に役立つことが必要とされている。したがって、原価計算制度は、各企業がそれに対して期待する役立ちの程度において重点の相違はあるが、いずれの計算目的にもともに役立つように形成され、一定の計算秩序として［5 シ 常時継続的］に行なわれるものであることを要する。ここに原価計算に対して提起される諸目的を調整し、原価計算を制度化するため、［6 ソ 実践規範］としての原価計算基準が設定される必要がある。

原価計算基準は、かかる 6 ソ 実践規範 として、わが国現在の企業における原価計算の慣行のうちから、一般に 7 セ 公正妥当 と認められるところを要約して設定されたものである。

しかしながら、この基準は、個々の企業の原価計算手続を画一に規定するものではなく、個々の企業が有効な原価計算手続を規定し実施するための基本的なわくを明らかにしたものである。したがって、企業が、その原価計算手続を規定するに当たっては、この基準が 8 キ 弾力性 をもつものであることの理解のもとに、この基準にのっとり、業種、経営規模その他当該企業の個々の条件に応じて、実情に即するように適用されるべきものである。

この基準は、企業会計原則の一環を成し、そのうちとくに原価に関して規定したものである。

第3問 ● コスト・センターによる運搬コストの配賦

運搬コスト配賦表

(単位：円)

	車両X	車両Y	車両Z	合　計
個　別　費				
減価償却費	1,025,000	410,000	615,000	2,050,000
修　繕　費	165,400	66,700	101,400	333,500
燃　料　費	489,400	366,700	366,500	1,222,600
税　　　金	116,000	79,000	95,000	290,000
保　険　料	164,250	73,000	127,750	365,000
共　通　費				
油　脂　代	95,200	97,440	92,960	285,600
消耗品費	174,195	58,065	116,130	348,390
福利厚生費	99,550	45,250	81,450	226,250
雑　　　費	50,850	20,340	30,510	101,700
合　計	2,379,845	1,216,495	1,626,700	5,223,040

1．共通費の配賦

① 油脂代（配賦基準：走行距離）

車両X：$\dfrac{285{,}600\text{円}}{8{,}500\text{km}+8{,}700\text{km}+8{,}300\text{km}}\times 8{,}500\text{km}=95{,}200\text{円}$

車両Y：　〃　$\times 8{,}700\text{km}=97{,}440\text{円}$

車両Z：　〃　$\times 8{,}300\text{km}=92{,}960\text{円}$

② 消耗品費（配賦基準：車両重量）

車両X：$\dfrac{348{,}390\text{円}}{15\,t+5\,t+10\,t}\times 15\,t=174{,}195\text{円}$

車両Y：　〃　$\times 5\,t=58{,}065\text{円}$

車両Z：　〃　$\times 10\,t=116{,}130\text{円}$

③ 福利厚生費（配賦基準：関係人員）

車両X：$\frac{226,250円}{11人+5人+9人}$ ×11人＝99,550円

車両Y：　〃　×5人＝45,250円

車両Z：　〃　×9人＝81,450円

④ 雑費（配賦基準：減価償却費額）

車両X：$\frac{101,700円}{2,050,000円}$ ×1,025,000円＝50,850円

車両Y：　〃　× 410,000円＝20,340円

車両Z：　〃　× 615,000円＝30,510円

2．走行距離1km当たり車両費率（小数点第3位を四捨五入）

車両X：2,379,845円÷8,500km＝@279.9817…円 ⇨ @279.98円

車両Y：1,216,495円÷8,700km＝@139.8270…円 ⇨ @139.83円

車両Z：1,626,700円÷8,300km＝@195.9879…円 ⇨ @195.99円

3．当月の各現場への車両費配賦額（円未満を四捨五入）

No.403現場：@279.98円×126km＋@139.83円×135km＋@195.99円×265km＝106,091.88円

⇨ **106,092円**

No.404現場：@279.98円×220km＋@139.83円×190km＝88,163.3円 ⇨ **88,163円**

No.405現場：@279.98円× 63km＋@195.99円×195km＝55,856.79円 ⇨ **55,857円**

No.406現場：@279.98円×315km＋@139.83円×385km＋@195.99円×305km＝201,805.2円

⇨ **201,805円**

第4問 ● 新規投資の意思決定

問1 各投資案の1年間の差額キャッシュ・フロー

〈P投資案〉

税引後営業利益 400,400千円×（1－0.3）＋減価償却費 900,000千円※＝**1,180,280千円**

※ 4,500,000千円÷5年＝900,000千円

〈Q投資案〉

税引後営業利益 215,940千円×（1－0.3）＋減価償却費 240,000千円※＝**391,158千円**

※ 1,200,000千円÷5年＝240,000千円

問2 貨幣の時間価値を考慮しない回収期間（小数点第2位を四捨五入）

〈P投資案〉

4,500,000千円÷1,180,280千円＝3.812…年 ⇨ **3.8年**

〈Q投資案〉

1,200,000千円÷391,158千円＝3.067…年 ⇨ **3.1年**

問3　単純（平均）投資利益率（小数点第1位を四捨五入）

〈P投資案〉

$$\frac{(1{,}180{,}280\text{千円}\times 5\text{年}-4{,}500{,}000\text{千円})\div 5\text{年}}{4{,}500{,}000\text{千円}\div 2}\times 100=12.456\cdots\%$$ ⇨ **12%**

〈Q投資案〉

$$\frac{(391{,}158\text{千円}\times 5\text{年}-1{,}200{,}000\text{千円})\div 5\text{年}}{1{,}200{,}000\text{千円}\div 2}\times 100=25.193\%$$ ⇨ **25%**

問4　正味現在価値（千円未満を切り捨て）

〈P投資案〉

1,180,280千円×3.9927－4,500,000千円＝212,503.956千円 ⇨ **212,503千円**

〈Q投資案〉

391,158千円×3.9927－1,200,000千円＝361,776.5466千円 ⇨ **361,776千円**

第5問 ● 総合問題

工事原価計算表

20×0年6月1日～20×0年6月30日　　（単位：円）

	402工事	502工事	601工事	602工事	合　計
月初未成工事原価	431,600	212,210	——	——	643,810
当月発生工事原価					
1．材料費					
(1)甲材料費	186,200	79,800	133,000	133,000	532,000
(2)乙材料費	175,010	93,240	69,930	50,320	388,500
材料費計	361,210	173,040	202,930	183,320	920,500
2．労務費					
(1)重機械オペレーター	169,500	293,200	203,400	169,500	835,600
(2)労務外注費	19,300	69,200	74,010	150,330	312,840
労務費計	188,800	362,400	277,410	319,830	1,148,440
3．外注費	23,770	99,900	85,300	188,900	397,870
4．経　費					
(1)直接経費	6,400	15,300	26,900	38,800	87,400
(2)人件費	58,520	112,100	130,900	193,600	495,120
(3)重機械部門費	50,000	80,000	60,000	41,250	231,250
経 費 計	114,920	207,400	217,800	273,650	813,770
当月完成工事原価	1,120,300	1,054,950	——	965,700	3,140,950
月末未成工事原価	——	——	783,440	——	783,440

1．材料費

資料3⑴より、各材料の予定（消費）価格を計算する。その際、すべての材料副費を購入代価に加算するが、内部材料副費予定額は予定材料購入代価を基準に各材料に配賦する。

内部材料副費予定額：甲材料；$\dfrac{494{,}400\text{円}}{5{,}932{,}800\text{円}+3{,}955{,}200\text{円}} \times 5{,}932{,}800\text{円} = 296{,}640\text{円}$

乙材料；〃 ×3,955,200円＝197,760円

甲材料：（5,932,800円＋490,560円＋296,640円）÷19,200kg＝@350円

乙材料：（3,955,200円＋287,040円＋197,760円）÷24,000kg＝@185円

この各材料の予定価格に、資料3⑷の材料の使用状況を掛けて、各工事の材料費を計算する。

⑴ 甲材料費

402工事：@350円×532kg＝186,200円

502工事：@350円×228kg＝ 79,800円

601工事：@350円×380kg＝133,000円

602工事：@350円×380kg＝133,000円

⑵ 乙材料費

402工事：@185円×946kg＝175,010円

502工事：@185円×504kg＝ 93,240円

601工事：@185円×378kg＝ 69,930円

602工事：@185円×272kg＝ 50,320円

2．労務費

⑴ 重機械のオペレーター

資料4より、実際発生額を配賦しているため、まず当月要支払額を計算し、その要支払額を従事日数で割ることで実際配賦率を算定する。次いで、その実際配賦率に各工事の従事日数を掛けることにより、各工事の実際配賦額を計算する。なお、⑵より502工事においては、残業手当を別途加算する。

当月支払 805,000円	前月未払 101,400円
	当月要支払額（差額） 813,600円
当月未払 110,000円	

当月要支払額：805,000円－101,400円＋110,000円＝813,600円

実際配賦率：813,600円÷24日＝@33,900円

402工事：@33,900円×5日＝169,500円

502工事：@33,900円×8日＋22,000円（残業手当）＝293,200円

601工事：@33,900円×6日＝203,400円

602工事：@33,900円×5日＝169,500円

⑵ 労務外注費

資料5の「労務外注」をそのまま集計する。

3．外注費

資料5の「一般外注」をそのまま集計する。

4．経　費

⑴　直接経費

資料6⑴のうち、動力用水光熱費、労務管理費および雑費の合計額を計上する。

402工事：　2,900円＋　2,300円＋1,200円＝　6,400円

502工事：　3,950円＋　7,200円＋4,150円＝15,300円

601工事：12,400円＋10,100円＋4,400円＝26,900円

602工事：12,300円＋19,900円＋6,600円＝38,800円

⑵　人件費

資料6⑴および⑵より、従業員給料手当、法定福利費、福利厚生費およびS氏の役員報酬額の合計額を計上する。施工管理技術者であるS氏の役員報酬は、当月役員報酬発生額を、施工管理業務の従事時間と役員としての一般管理業務時間の合計で割ることにより配賦率を算定し、その配賦率に各工事の従事時間を掛けることにより計算する。なお、工事原価と一般管理費の業務との間に等価係数を設定しているため、配賦率を計算する際に施工管理業務の従事時間には1.5を、一般管理業務時間には1.0を掛けて計算する。

S氏の役員報酬額：402工事；$\frac{696{,}900円}{80時間 \times 1.5 + 110時間 \times 1.0}$ ×10時間×1.5＝　45,450円

502工事；　〃　×20時間×1.5＝　90,900円

601工事；　〃　×20時間×1.5＝　90,900円

602工事；　〃　×30時間×1.5＝136,350円

402工事：　9,700円＋1,030円＋　2,340円＋　45,450円＝　58,520円

502工事：12,900円＋4,100円＋　4,200円＋　90,900円＝112,100円

601工事：22,300円＋7,500円＋10,200円＋　90,900円＝130,900円

602工事：33,800円＋8,950円＋14,500円＋136,350円＝193,600円

⑶　重機械部門費

資料6⑶より、固定予算方式によって予定配賦率を算定し、その予定配賦率に工事別の使用実績（従事時間）を掛けて計算する。

予定配賦率：225,000円÷180時間＝@1,250円

402工事：@1,250円×40時間＝50,000円

502工事：@1,250円×64時間＝80,000円

601工事：@1,250円×48時間＝60,000円

602工事：@1,250円×33時間＝41,250円

問1　完成工事原価報告書の作成

当月に完成した402工事、502工事および602工事の工事原価を費目ごとに集計する。

（単位：円）

	402工事		502工事		602工事	合　計
	月　初	当　月	月　初	当　月	当　月	
材　料　費	138,000	361,210	61,600	173,040	183,320	**917,170**
労　務　費	88,500	169,500	49,000	293,200	169,500	769,700
労務外注費	105,000	19,300	50,440	69,200	150,330	**394,270**
労務費計	193,500	188,800	99,440	362,400	319,830	**1,163,970**
外　注　費	20,800	23,770	18,770	99,900	188,900	**352,140**
経　　　費	79,300	114,920	32,400	207,400	273,650	**707,670**
（うち人件費）	(55,500)	(58,520)	(27,100)	(112,100)	(193,600)	**(446,820)**
合　　計	431,600	688,700	212,210	842,740	965,700	**3,140,950**

問2　未成工事支出金勘定の残高

工事原価計算表の601工事原価：**783,440円**

問3　配賦差異の当月末の勘定残高

① 材料副費配賦差異（資料3(2)(3)より）

外部材料副費は実際配賦するため、内部材料副費（検収費）につき配賦差異が発生する。

当月の材料副費配賦差異：$\underbrace{(463{,}600\text{円}+340{,}200\text{円})\times 5\%}_{\text{予定}} - \underbrace{43{,}700\text{円}}_{\text{実際}} = (-)3{,}510\text{円}$（借方）

材料副費配賦差異の勘定残高：(−)1,400円＋(−)3,510円＝(−)**4,910円**（借方残高：A）

② 材料消費価格差異（資料3(2)(3)より）

〈外部材料副費の配賦〉

関税：甲材料；$\dfrac{20{,}095\text{円}}{463{,}600\text{円}+340{,}200\text{円}}\times 463{,}600\text{円}=11{,}590\text{円}$

乙材料；　〃　$\times 340{,}200\text{円}=8{,}505\text{円}$

引取運賃：甲材料；$\dfrac{36{,}200\text{円}}{1{,}520\text{kg}+2{,}100\text{kg}}\times 1{,}520\text{kg}=15{,}200\text{円}$

乙材料；　〃　$\times 2{,}100\text{kg}=21{,}000\text{円}$

〈各材料の実際購入額（消費額）〉

甲材料：463,600円＋14,200円＋11,590円＋15,200円＋463,600円×5％＝527,770円

乙材料：340,200円＋ 7,100円＋ 8,505円＋21,000円＋340,200円×5％＝393,815円

921,585円

当月の材料消費価格差異：$\underbrace{@350\text{円}\times 1{,}520\text{kg}+@185\text{円}\times 2{,}100\text{kg}}_{\text{予定}} - \underbrace{921{,}585\text{円}}_{\text{実際}}$

＝(−)1,085円（借方）

材料消費価格差異の勘定残高：(−)8,000円＋(−)1,085円＝(−)**9,085円**（借方残高：A）

③ 重機械部門費予算差異（資料6(3)より）

当月の予算差異：225,000円（予算額）－228,500円（実際額）＝(－)3,500円（借方）

予算差異の勘定残高：(－)1,200円＋(－)3,500円＝(－)**4,700円**（借方残高：A）

④ 重機械部門費操業度差異（資料6(3)より）

当月の操業度差異：@1,250円×（185時間（実際）－180時間（基準））＝(＋)6,250円（貸方）

操業度差異の勘定残高：(＋)2,100円＋(＋)6,250円＝(＋)**8,350円**（貸方残高：B）

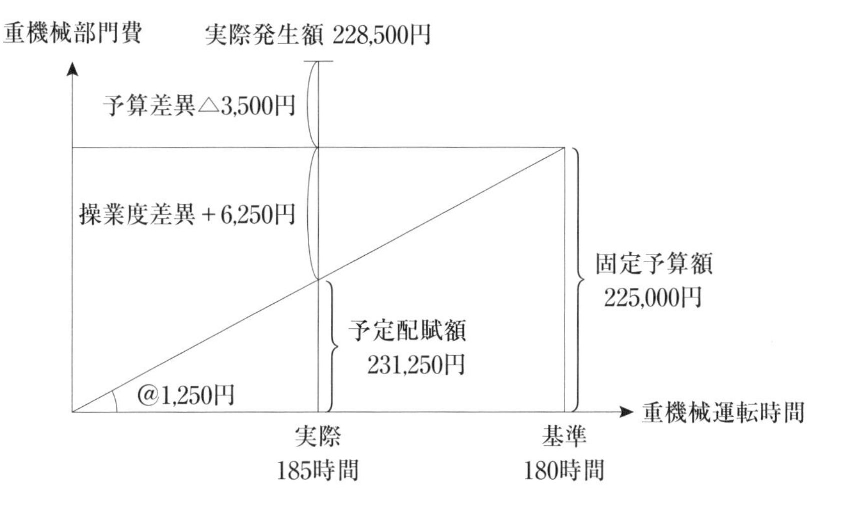

第29回 解答

問題 40

第1問 20点　解答にあたっては、それぞれ指定した字数以内（句読点を含む）で記入すること。

問1

①原価計算制度の目的は、財務諸表作成目的を基本として、同時に原価管理や利益管理などを達成することにある。一方、特殊原価調査の目的は、長期・短期経営計画の立案や管理に伴う意思決定に役立つ原価情報を提供することにある。❹②原価計算制度は、財務会計機構と有機的に結合した計算であるのに対し、特殊原価調査は財務会計機構のらち外で実施される計算および分析である。❷③原価計算制度は、常時継続的に実施されるのに対し、特殊原価調査は、意思決定問題が生じたときに随時対応的かつ個別的に実施される。❷④原価計算制度で用いる原価概念は、過去原価や支出原価が中心となるのに対し、特殊原価調査では未来原価や機会原価が中心となる。❷

問2

建設業原価計算の特徴として、受注請負生産業であることが挙げられる。❷製品の生産方式には、市場性見込生産と個別性受注生産があるが、建設業は、典型的な受注産業としての請負業である。したがって、原価計算的には、個々の工事番号別に原価を集計する個別原価計算が採用される。❹ただし、建設業においても、建設に必要とされる資材などを、コストダウンを目的に自社内で製造する場合など、総合原価計算を適用する場面も多くある。❹

解答

第29回

第2問 14点

記号（ア～ネ）

1	2	3	4	5	6	7
サ	ニ	タ	チ	ネ	エ	ソ

各❷

第3問 14点

問1

A車

B車

C車

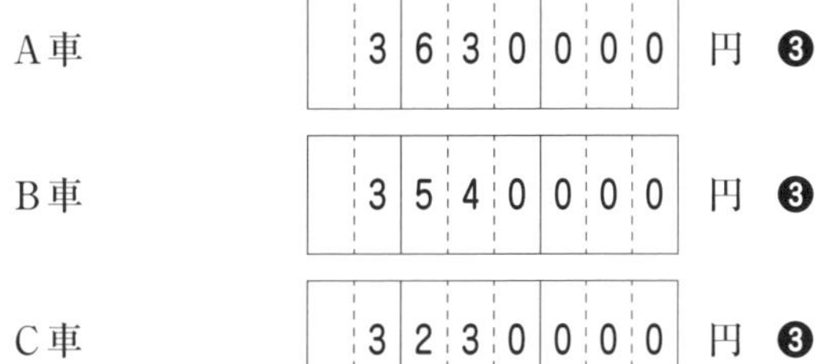

財務の面で最も有利な車種：❶ C 車（A～Cのうち一つを記入）

問2

B車

第4問　16点

問1

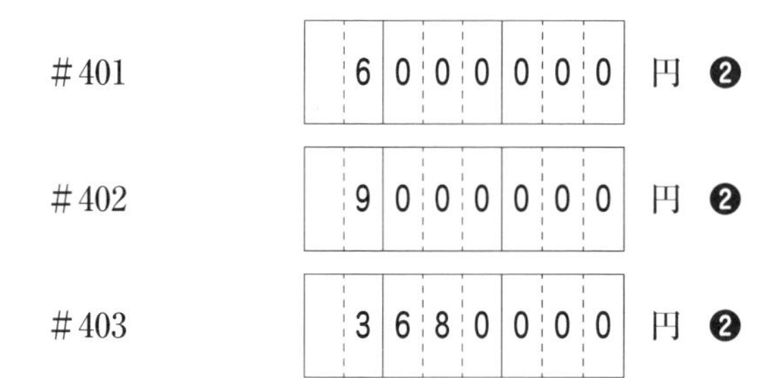

#401　6,000,000 円 ❷

#402　9,000,000 円 ❷

#403　3,680,000 円 ❷

問2

	材料数量差異	賃率差異	作業時間差異
#401	(B) ❶ 320,000 円	(B) ❶ 30,720 円	(A) 64,000 円
#402	(A) ❶ 400,000 円	(B) 48,400 円	(B) ❶ 20,000 円
#403	(B) 440,000 円	(B) ❶ 14,240 円	(B) ❶ 72,000 円

予算差異	変動費能率差異	固定費能率差異	操業度差異
(A) ❶ 5,300 円	(B) ❶ 9,800 円	(B) ❶ 11,200 円	(B) ❶ 532,800 円

第5問 36点

問1

完成工事原価報告書
自 20×1年9月1日
至 20×1年9月30日

全日本建設工業株式会社
(単位：円)

Ⅰ. 材料費		1,501,120	❹
Ⅱ. 労務費		302,900	❹
Ⅲ. 外注費		1,126,400	❹
Ⅳ. 経　費		899,360	❹
(うち人件費	550,160) ❹		
完成工事原価		3,829,780	❹

問2

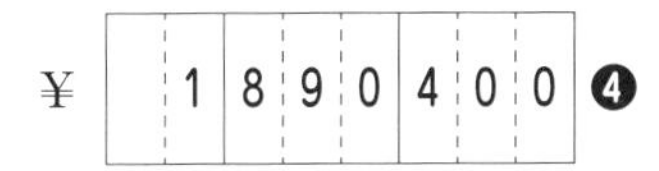

¥ 1,890,400 ❹

問3

①	運搬車両部門費予算差異	¥ 3,000	記号（AまたはB）	A	❹
②	運搬車両部門費操業度差異	¥ 5,100	記号（　同　上　）	B	❹

●数字…予想配点

第29回 解答への道

問題 40

第1問 ● 記述問題

問1 原価計算制度と特殊原価調査の相違点

原価計算制度と特殊原価調査との相違を比較しておくと、次のとおりである。

	原価計算制度	特殊原価調査
目的	財務諸表作成を基本とし、同時に原価管理、予算管理などの目的を達成する。	長期・短期経営計画の立案や管理に伴う、意思決定に役立つ原価情報を提供する。
財務会計機構との関係	財務会計機構と有機的に結合した計算	財務会計機構のらち外で実施される計算および分析
実施の時期(頻度)	常時継続的	随時対応的であり個別的
主に用いる原価概念	過去原価、支出原価が中心	未来原価、機会原価が中心
技法	配賦計算が中心、会計的	比較計算が中心、調査的、統計的

問2 建設業原価計算の特徴

建設業は、いくつかの特性（特殊性）を有している。そのため、建設業原価計算は、一般的な製品製造原価計算と区別して考えなければならない様々な特徴がある。

(1) 受注請負生産業であること
　個別原価計算が用いられる場面が多い。ただし、総合原価計算を適用する場面もある。

(2) 公共事業が多いこと
　積算という手法を発展させ、事前的な原価計算あるいは原価管理を重視する傾向が強い。

(3) 生産期間（工事期間）が長いこと
　間接費や共通費の配賦を合理的に行う必要がある。

(4) 移動性の生産現場であること
　生産現場の共通費（間接費）の配賦方法が問題となり、歩掛という特有のデータも重視される。

(5) 常置性固定資産が少ないこと
　諸種の機材の費用化に関して、損料計算なる手法を開発している。

(6) 工事種類（工種）および作業単位が多様であること
　一般的な原価計算では要求されない工種別原価計算が重視される。

(7) 外注依存度が高いこと
　原価を材料費・労務費・外注費・経費の４つに区分する方法が採られる。

(8) 建設活動と営業活動の間にジョイント性があること
　本来の建設活動と受注や工事全般管理に関する営業活動とを、厳格に区分し得ない活動があるが、できる限り工事原価と営業関係費（販売費及び一般管理費）とに峻別する必要がある。

(9) 請負金額および工事支出金が高額であること
　一般的に借入金利子は非原価項目として取り扱われるが、原価管理もしくは業績管理的な原価計算では、その取り扱いにおいて弾力的な思考が要求される場合もある。

(10) 自然現象や災害との関連が大きいこと
　リスク・マネジメント的な意味での事前対策費は、健全な原価管理上、重要な配慮事項であり、原価性を有すると考えられる。

(11) 共同企業体（ジョイント・ベンチャー）による受注があること
　原価計算を含む会計業務は個別企業を基礎に遂行されなければならないことから、個別企業での工事原価計算は、完成建設物の部分原価計算という性質をもつ場合がある。

第2問●語句選択問題

　設備投資の意思決定に必要な損益計算の特徴に関する語句選択問題である。語句を補充しておけば、次のとおりである。

1. 会計単位（計算対象）は [1 サ 各投資案] である。
2. [2 ニ 全体] 損益計算を行い、それは計算期間における [3 タ 現金収入] から [4 チ 現金支出] を差し引くことによって行われる。
3. 将来採るべき選択肢について財務の面での有利さを測定するための計算であるので、過去の現金収支は [5 ネ 無視] される。
4. 1年を超える長期にわたる計算を行うので、[6 エ 時間] 価値を考慮した計算を行う必要がある。そのため、設備投資の意思決定モデルとしては正味現在価値法や [7 ソ 内部利益率] 法が望ましい。

　設備投資の意思決定は、投資プロジェクト単位で計算が行われるため、期間計算を行う必要がなく、設備を利用する期間の全体損益計算を行う。最も単純には、全期間での現金収入と現金支出を比較することが考えられる。しかし、ある金額を受け取ることができるとしても、今すぐ受け取る方が、将来に同額を受け取るよりも、利息相当分だけ価値が高くなる（貨幣の時間価値）。この貨幣の時間価値を考慮すると、設備投資で得られる現金（キャッシュ・フロー）がどの時点で得られ、どの時点で出ていくのかというタイミングが重要である。したがって、キャッシュ・フローをベースに、時間価値を考慮した、設備利用全期間の差額原価収益分析を行うことになる。なお、貨幣の時間価値を考慮した設備投資の意思決定モデルには、正味現在価値法、内部利益率法、割引回収期間法がある。また、設備投資の意思決定は、将来採るべき諸代替案のうち、有利な代替案を選択することになる。そこで、選択すべき諸代替案間で発生額の異なる未来原価である関連原価を比較すればよく、過去原価のように発生額の異ならない無関連原価（埋没原価）は、意思決定の財務的評価において考慮する必要はないのである。

第3問●ライフサイクル・コスティング

問1 各車種のトータル・コスト（ライフサイクル・コスト）

〈A車〉

ガソリン代：50,000km/年÷燃費10km/ℓ×100円/ℓ＝500,000円

定期点検代：50,000km/年×4年÷25,000km＝8回　∴　7回(注)

（注）8回目の定期点検は、耐用年数到来時にあたるため、実施は不要である。

1,000,000円（取得原価）＋30,000円×4年（登録料）＋100,000円×4年（保険料）＋500,000円×4年（ガソリン代）＋30,000円×7回（定期点検代）－100,000円（残存処分価額）

＝**3,630,000円**

〈B車〉

ガソリン代：50,000km/年÷燃費12.5km/ℓ×100円/ℓ＝400,000円

定期点検代：50,000km/年×4年÷27,000km＝7.4…回　∴　7回

1,250,000円（取得原価）＋30,000円×4年（登録料）＋120,000円×4年（保険料）＋400,000円×4年（ガソリン代）＋30,000円×7回（定期点検代）－120,000円（残存処分価額）

＝**3,540,000円**

〈C車〉

ガソリン代：50,000km/年÷燃費20km/ℓ×100円/ℓ＝250,000円

定期点検代：50,000km/年×4年÷30,000km＝6.6…回　∴　6回

1,400,000円（取得原価）＋30,000円×4年（登録料）＋170,000円×4年（保険料）＋250,000円×4年（ガソリン代）＋30,000円×6回（定期点検代）－150,000円（残存処分価額）

＝**3,230,000円**

以上の計算結果により、財務の面で最も有利な車種は、**C車**である。

問2 貨幣の時間価値を考慮したB車のトータル・コスト

〈B車の定期点検〉（27,000kmで1回）

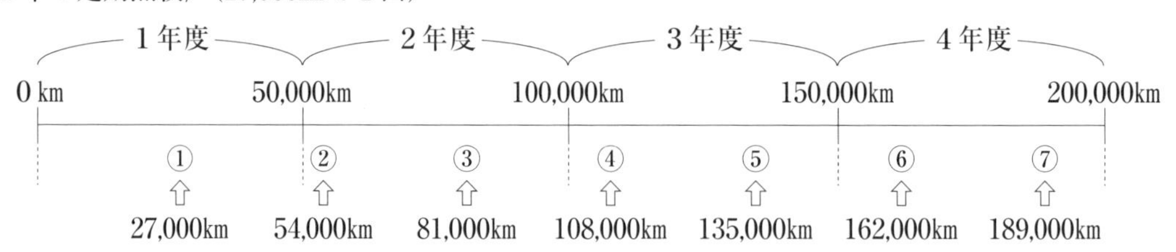

∴　1年度は1回、2年度から4年度にかけては毎年2回の点検（30,000円/回）を実施している。

	現時点	1年度末	2年度末	3年度末	4年度末
取得原価	1,250,000円	—	—	—	—
登録料	—	30,000円	30,000円	30,000円	30,000円
保険料	—	120,000円	120,000円	120,000円	120,000円
ガソリン代	—	400,000円	400,000円	400,000円	400,000円
定期点検代	—	30,000円	60,000円	60,000円	60,000円
残存処分価額	—	—	—	—	△120,000円
	1,250,000円	580,000円	610,000円	610,000円	490,000円

1,250,000円＋580,000円×0.9091＋610,000円×0.8264＋610,000円×0.7513＋490,000円×0.6830

＝**3,074,345円**

第4問 ● ロット別個別原価計算

問1 各指図書の標準原価の計算

1．各指図書の実際生産量（材料消費量から推定）

(1) 各指図書の材料標準消費量

＃401：材料実際消費量 8,800kg－超過材料消費量 800kg＝ 8,000kg

＃402：材料実際消費量11,000kg＋材料戻入量1,000kg＝12,000kg

＃403：材料実際消費量 7,500kg－超過材料消費量1,100kg＝ 6,400kg

(2) 各指図書の実際生産量

＃401： 8,000kg÷8kg＝1,000個

＃402：12,000kg÷8kg＝1,500個

＃403： 6,400kg÷8kg＝ 800個

2．各指図書の標準原価

＃401：6,000円/個×1,000個＝**6,000,000円**

＃402：6,000円/個×1,500個＝**9,000,000円**

＃403：3,200円/個×800個×100％（直接材料費）＋(1,600円/個＋1,200円/個)×800個×50％（加工費）＝**3,680,000円**

問2 各原価差異の計算

1．材料数量差異

〈＃401〉

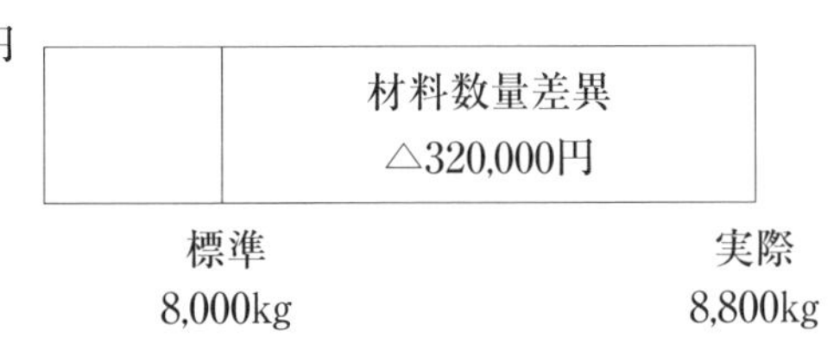

@400円×(8,000kg－8,800kg)＝(－)**320,000円**（B）

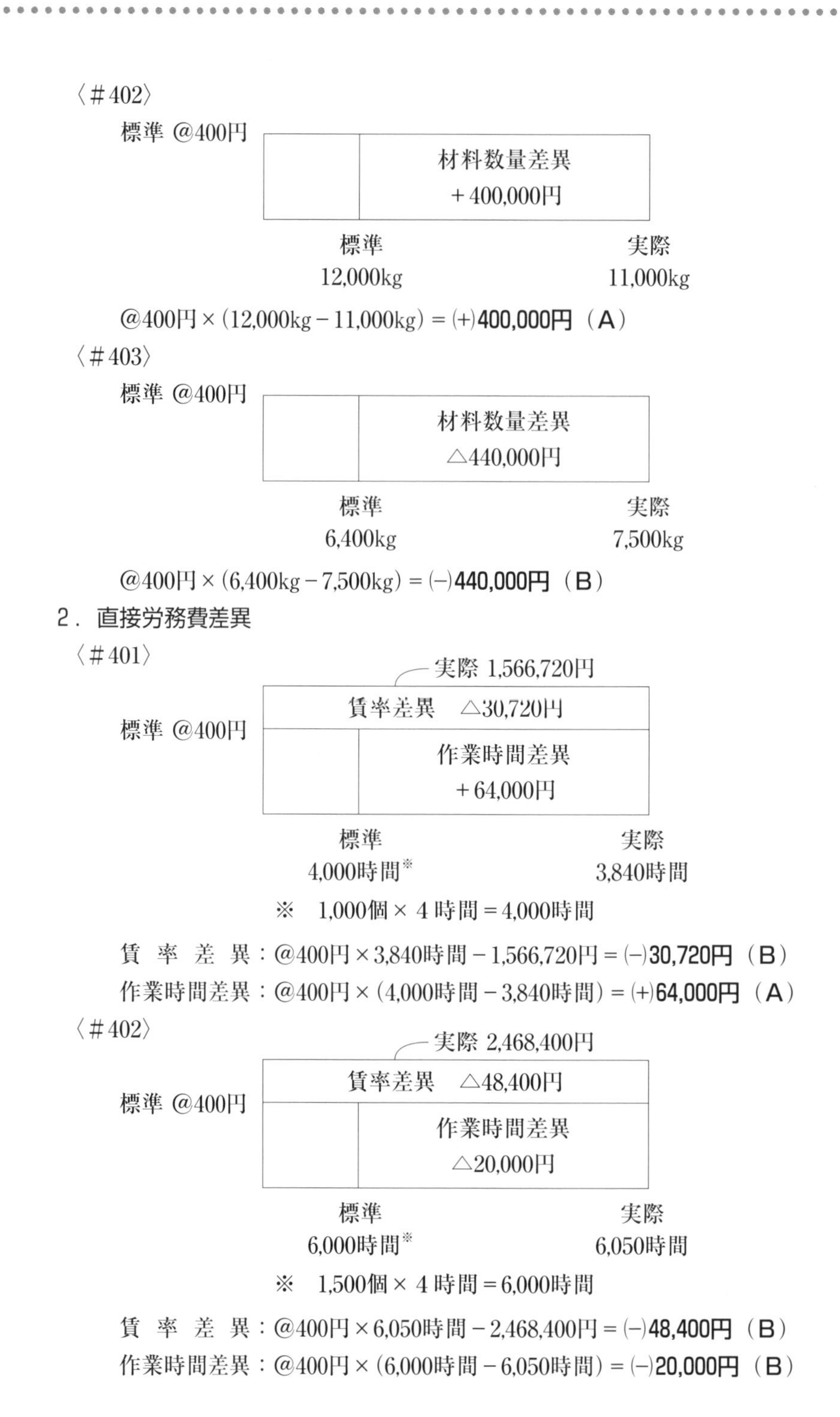

〈＃402〉

標準 @400円

材料数量差異
＋400,000円

標準 12,000kg　実際 11,000kg

@400円×(12,000kg－11,000kg)＝(+)**400,000円**（A）

〈＃403〉

標準 @400円

材料数量差異
△440,000円

標準 6,400kg　実際 7,500kg

@400円×(6,400kg－7,500kg)＝(−)**440,000円**（B）

2．直接労務費差異

〈＃401〉

実際 1,566,720円

賃率差異　△30,720円

標準 @400円

作業時間差異
＋64,000円

標準 4,000時間※　実際 3,840時間

※　1,000個×4時間＝4,000時間

賃　率　差　異：@400円×3,840時間－1,566,720円＝(−)**30,720円**（B）

作業時間差異：@400円×(4,000時間－3,840時間)＝(+)**64,000円**（A）

〈＃402〉

実際 2,468,400円

賃率差異　△48,400円

標準 @400円

作業時間差異
△20,000円

標準 6,000時間※　実際 6,050時間

※　1,500個×4時間＝6,000時間

賃　率　差　異：@400円×6,050時間－2,468,400円＝(−)**48,400円**（B）

作業時間差異：@400円×(6,000時間－6,050時間)＝(−)**20,000円**（B）

〈＃403〉

※ 800個×50％×４時間＝1,600時間

賃 率 差 異：@400円×1,780時間－726,240円＝(−)**14,240円**（B）

作業時間差異：@400円×(1,600時間－1,780時間)＝(−)**72,000円**（B）

3．製造間接費差異

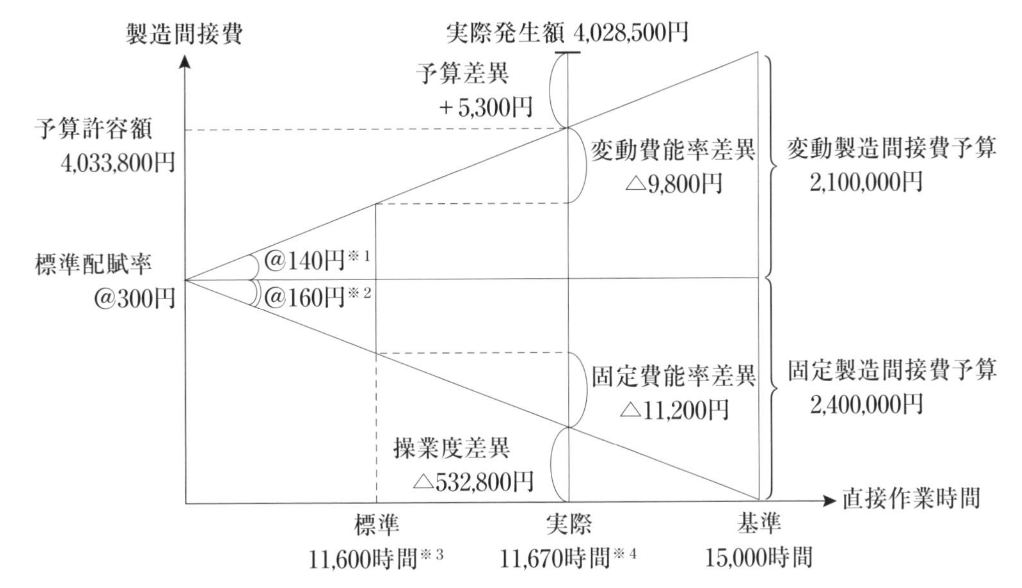

※１ 変動費率：2,100,000円÷15,000時間＝@140円

※２ 固定費率：2,400,000円÷15,000時間＝@160円

※３ 標準作業時間：4,000時間＋6,000時間＋1,600時間＝11,600時間

※４ 実際作業時間：3,840時間＋6,050時間＋1,780時間＝11,670時間

予 算 差 異：@140円×11,670時間＋2,400,000円－4,028,500円＝(+)**5,300円**（A）
（@140円×11,670時間＋2,400,000円：予算許容額 4,033,800円、4,028,500円：実際発生額）

変動費能率差異：@140円×(11,600時間－11,670時間)＝(−)**9,800円**（B）

固定費能率差異：@160円×(11,600時間－11,670時間)＝(−)**11,200円**（B）

操 業 度 差 異：@160円×(11,670時間－15,000時間)＝(−)**532,800円**（B）

第5問●総合問題

工事原価計算表

20×1年9月1日～20×1年9月30日　　　　（単位：円）

	102工事	103工事	104工事	105工事	合　計
月初未成工事原価	534,400	199,620※	——	——	734,020
当月発生工事原価					
1．材料費					
(1)甲材料費	665,000	——	597,000	540,000	1,802,000
(2)乙材料費	30,500	——	40,500	13,400	84,400
材料費計	695,500	——	637,500	553,400	1,886,400
2．労務費	37,500	57,500	115,000	50,000	260,000
3．外注費	256,100	348,800	574,000	273,200	1,452,100
4．経　費					
(1)直接経費	67,600	117,400	127,500	61,700	374,200
(2)人件費	122,000	235,200	376,600	144,460	878,260
(3)運搬車両部門費	19,500	29,900	59,800	26,000	135,200
経　費　計	209,100	382,500	563,900	232,160	1,387,660
当月完成工事原価	1,732,600	988,420	——	1,108,760	3,829,780
月末未成工事原価	——	——	1,890,400	——	1,890,400

※　資料3(2)より、103工事の月初未成工事原価（209,500円）から乙材料の仮設工事完了時評価額（9,880円）を控除する。

1．材料費

(1)　甲材料費（常備材料）

資料3(1)より、移動平均法により各工事の実際消費額を計算する。

材　料　有　高　帳　（単位：数量は本、単価および金額は円）

日付		摘　要	受入			払出			残高		
			数量	単価	金額	数量	単価	金額	数量	単価	金額
9	1	前月繰越	40	17,375	695,000				40	17,375※	695,000
	6	購入	25	19,000	475,000				65	18,000※	1,170,000
	9	払出し（105工事）				30	18,000	540,000	35	18,000	630,000
	11	仕入先への返品				5	18,000	90,000	30	18,000	540,000
	13	購入	30	20,000	600,000				60	19,000※	1,140,000
	18	払出し（102工事）				40	19,000	760,000	20	19,000	380,000
	21	購入	25	20,800	520,000				45	20,000※	900,000
	22	戻り	5	19,000	95,000				50	19,900※	995,000
	27	払出し（104工事）				30	19,900	597,000	20	19,900	398,000

※　平均単価の計算：9月1日　(@17,000円×25本＋@18,000円×15本)÷(25本＋15本)

695,000円　　＝@17,375円

9月6日　(695,000円＋475,000円)÷(40本＋25本)＝@18,000円

9月13日　(540,000円＋600,000円)÷(30本＋30本)＝@19,000円

9月21日　(380,000円＋520,000円)÷(20本＋25本)＝@20,000円

9月22日　(900,000円＋95,000円)÷(45本＋5本)＝@19,900円

102工事：760,000円－95,000円＝665,000円
104工事：597,000円
105工事：540,000円

⑵ 乙材料費（仮設工事用の資材）

資料３⑵より、すくい出し法により処理するため、仮設工事完了時評価額を投入額から控除する。なお、103工事については、月初未成工事原価の材料費74,100円（資料２⑴）から控除する。

102工事：44,100円－13,600円＝30,500円
104工事：40,500円
105工事：41,400円－28,000円＝13,400円

２．労務費（Ｚ労務作業費）

資料４より、予定賃率（@2,500円）を各工事の実際作業時間（Ｚ作業時間）に掛けて計算する。

102工事：@2,500円×15時間＝ 37,500円
103工事：@2,500円×23時間＝ 57,500円
104工事：@2,500円×46時間＝115,000円
105工事：@2,500円×20時間＝ 50,000円

３．外注費

資料５より、労務外注費はそのまま外注費として計上するため、一般外注と労務外注の合計額を集計する。

102工事： 77,900円＋178,200円＝256,100円
103工事：109,000円＋239,800円＝348,800円
104工事：281,000円＋293,000円＝574,000円
105工事： 87,000円＋186,200円＝273,200円

４．経　費

⑴ 直接経費

資料６⑴のうち、労務管理費および雑費他の合計額を計上する。

102工事：44,500円＋23,100円＝ 67,600円
103工事：86,100円＋31,300円＝117,400円
104工事：88,000円＋39,500円＝127,500円
105工事：38,400円＋23,300円＝ 61,700円

⑵ 人件費

資料６⑴および⑵より、従業員給料手当、法定福利費、福利厚生費およびＳ氏の役員報酬額の合計額を計上する。施工管理技術者であるＳ氏の役員報酬は、当月役員報酬発生額を、施工管理業務の従事時間と役員としての一般管理業務時間の合計で割ることにより配賦率を算定し、その配賦率に各工事の従事時間を掛けることにより計算する。なお、工事原価と一般管理費の業務との間に等価係数を設定しているため、配賦率を計算する際に施工管理業務の従事時間には1.5を、一般管理業務時間には1.0を掛けて計算する。

Ｓ氏の役員報酬額：102工事；$\dfrac{644{,}000\text{円}}{100\text{時間}\times1.5+80\text{時間}\times1.0}$×10時間×1.5＝ 42,000円
103工事；　〃　×20時間×1.5＝ 84,000円
104工事；　〃　×50時間×1.5＝210,000円
105工事；　〃　×20時間×1.5＝ 84,000円

102工事：　65,400円＋　6,500円＋　8,100円＋　42,000円＝122,000円
103工事：118,200円＋12,500円＋20,500円＋　84,000円＝235,200円
104工事：119,000円＋13,700円＋33,900円＋210,000円＝376,600円
105工事：　46,500円＋　5,980円＋　7,980円＋　84,000円＝144,460円

(3)　運搬車両部門費

資料6(3)より、変動予算方式により予定配賦率を算定し、その予定配賦率に各工事のZ作業時間（資料4）を掛けて計算する。

予定配賦率：変動費率@450円＋$\frac{1,020,000円}{1,200時間}$（＝固定費率@850円）＝@1,300円

102工事：@1,300円×15時間＝19,500円
103工事：@1,300円×23時間＝29,900円
104工事：@1,300円×46時間＝59,800円
105工事：@1,300円×20時間＝26,000円

問1　完成工事原価報告書の作成

当月に完成した102工事、103工事および105工事の工事原価を費目ごとに集計する。

（単位：円）

	102工事		103工事		105工事	合　計
	月　初	当　月	月　初	当　月	当　月	
材　料　費	188,000	695,500	64,220※	——	553,400	**1,501,120**
労　務　費	113,500	37,500	44,400	57,500	50,000	**302,900**
外　注　費	182,800	256,100	65,500	348,800	273,200	**1,126,400**
経　　　費	50,100	209,100	25,500	382,500	232,160	**899,360**
（うち人件費）	(36,300)	(122,000)	(12,200)	(235,200)	(144,460)	**(550,160)**
合　　計	534,400	1,198,200	199,620	788,800	1,108,760	**3,829,780**

※　資料3より、乙材料の仮設工事完了時評価額（9,880円）を控除する。

問2　未成工事支出金勘定の残高

工事原価計算表の104工事原価：**1,890,400円**

問3　配賦差異の当月末の勘定残高

①　運搬車両部門費予算差異（資料6(3)より）

当月の予算差異：@450円×104時間＋1,020,000円÷12か月（予算許容額 131,800円）－136,000円（実際）＝(−)4,200円（借方）

予算差異の勘定残高：(+)1,200円＋(−)4,200円＝(−)**3,000円**（借方残高：A）

②　運搬車両部門費操業度差異（資料6(3)より）

当月の操業度差異：@850円×（104時間（実際）－1,200時間÷12か月（基準 100時間））＝(+)3,400円（貸方）

操業度差異の勘定残高：(+)1,700円＋(+)3,400円＝(+)**5,100円**（貸方残高：B）

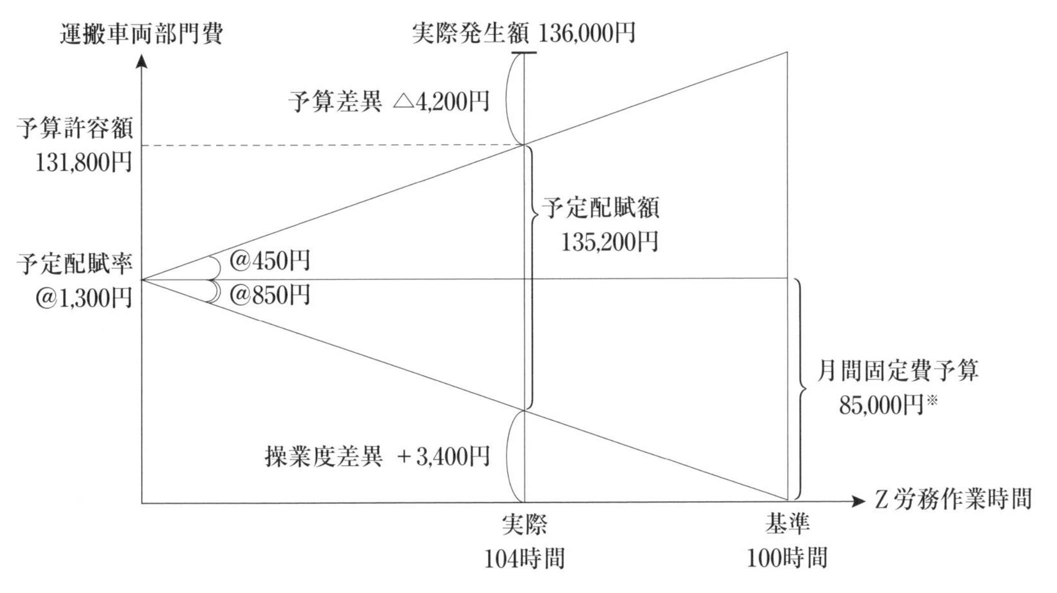

※　月間固定費予算：1,020,000円÷12か月＝85,000円

第30回 解答

問題 46

第1問 20点　解答にあたっては、各問とも指定した字数以内（句読点を含む）で記入すること。

問1

建設業における原価計算の目的には、適正な工事価額の
算定という対外的な目的と、経営能率の増進という対内
的な目的がある。❷対外的な目的として、財務諸表作成に
必要な適正な原価を提供する開示財務諸表作成目的、❷典
型的な競争的受注産業ゆえに工事請負を成立させるため
の受注関係書類作成目的、❷公共事業との関連が深いため
特有の調査資料等の報告のための関係官公庁提出書類作
成目的がある。❷対内的な目的として、工事別の実行予算
原価を作成し、これに基づき日常的作業コントロールを
実施し、予算と実績との差異分析をし、これらに関する
原価資料を経営管理者に報告し、原価能率増進の措置を
講ずる個別工事管理目的や全社的利益管理目的がある。❷

問2

VEとは、原価企画における原価削減を実現する手段で
ある。❷VEにおいては、価値を機能とコストの観点から
定義し、「価値＝機能÷コスト」の式で表わすことがで
きる。ゆえにVEは価値の向上を追求する技法である。❹
VEの実施プロセスはジョブプランと呼ばれ、一般に、
①VE適用対象の設定、②機能定義、③機能に対するウ
ェイトづけ、④機能実現のためのアイデアの創出と代替
案の作成、⑤改善案の提言と採用、の手順で行われる。❹

第2問 10点

記号（AまたはB）

1	2	3	4	5	
A	A	B	B	A	各❷

第3問 20点

問1

補助部門費配賦表

（単位：円）

項目	施工部門		補助部門		
	第1部門	第2部門	（修繕部門）	（運搬部門）	（管理部門）
部門費合計	4720000	4500000	798800	1600000	600000
補助部門費					
（管理部門費）	270000	210000	60000	60000	
（運搬部門費）	996000	498000	166000	1660000	
（修繕部門費）	563640	461160	1024800		
合計	❸6549640	❸5669160			

問2

〔固定費〕

補助部門費配賦表

（単位：円）

項目	施工部門		補助部門		
	第1部門	第2部門	（運搬部門）	（修繕部門）	（管理部門）
部門費合計	3080000	2580000	376000	438800	400000
補助部門費					
（管理部門費）	200000	120000	40000	40000	
（修繕部門費）	253600	162400	62800	478800	
（運搬部門費）	266000	212800	478800		
合計	❹3799600	❸3075200			

〔変動費〕

補助部門費配賦表

(単位：円)

項目	施工部門		補助部門		
	第1部門	第2部門	(修繕部門)	(運搬部門)	(管理部門)
部門費合計	1640000	1920000	360000	1224000	200000
補助部門費					
(管理部門費)	90000	70000	20000	20000	
(運搬部門費)	746400	373200	124400	1244000	
(修繕部門費)	277420	226980	504400		
合計	❸2753820	❹2590180			

第4問 18点

問1

オ ❸ 記号（ア～カ）

問2

エ ❸ 記号（ア～キ）

問3

1700000 円 記号（XまたはY） Y ❻

問4

340000 円 記号（ 同 上 ） Y ❻

第5問 32点

問1

工事原価計算表

20×2年11月

(単位：円)

工事番号	506	507	508	509	合　計
月初未成工事原価	364780	111180	——	——	475960
当月発生工事原価					
1．材料費					
(1)A材料費	——	480000	370540	225000	1075540
(2)B材料費	76125	152250	109620	85260	423255
〔材料費計〕	76125	❷ 632250	480160	❷ 310260	1498795
2．労務費	40710	129210	❷ 95580	63720	329220
3．外注費	❷ 153340	216780	180660	150230	701010
4．経費					
(1)直接経費	17,030	59,900	48,770	25,110	150,810
(2)重機械運搬費	25090	81060	55970	38600	200720
(3)その他経費	70090	114520	69220	44880	298710
〔経費計〕	112210	❷ 255480	173960	❷ 108590	650240
当月完成工事原価	❷ 747165	1344900	——	——	❷ 2092065
月末未成工事原価	——	——	❷ 930360	❷ 632800	1563160

問2

¥ 1080418 ❹

問3

重機械運搬費配賦差異　¥ 1840　記号（AまたはB）A ❷

予算差異　¥ 260　記号（　同　上　）B ❸

操業度差異　¥ 2100　記号（　同　上　）A ❸

●数字…予想配点

第30回 解答への道

問　題　46

第1問 ● 記述問題

問1 建設業における原価計算の目的

建設業における原価計算の目的には、「適正な工事原価の算定」という対外的な認知の領域と、「経営能率の増進」という個別企業内の経営合理化の領域とがある。

1．対外的原価計算目的

⑴　開示財務諸表作成目的

建設業における財務諸表の開示制度は、会社法、金融商品取引法、税法、建設業法といった制度において、完成工事原価および未成工事支出金に関する原価計算作業がすべての企業にとって不可欠である。よって、建設業原価計算は、財務諸表作成に必要な適正な原価を提供することを必要最小限の目的として実施される。

⑵　受注関係書類作成目的

典型的な競争的受注産業である建設業では、工事請負を成立させるまでにかなりの企業努力を費やすため、それに関係する書類作成と事前原価の算定とは、密接不離の関係にある。

⑶　関係官公庁提出書類作成目的

建設業は公共事業との関連が深いが、この特殊性や作業の社会的責任の大きさなどに起因して、建設業では特有の調査資料等の報告が要求されている。

2．対内的原価計算目的

⑴　個別工事原価管理目的

建設業の原価管理は、基本的に個別工事単位で実施される。建設業の個別工事原価管理とは、工事別の実行予算原価を作成し、これに基づき日常的作業コントロールを実施し、事後的には予算と実績との差異分析をし、これらに関する原価資料を逐次経営管理者各層に報告し、原価能率を増進する措置を講ずる一連の過程をいう。

⑵　全社的利益管理目的

企業経営の安定的成長のためには、広い視野による計画的経営が必要である。この計画的経営のためには、数年を対象とした長期利益計画と、次期を対象とした短期利益計画（予算）とがある。ここに利益計画とは、経済変動、受注動向、企業特質などを勘案して目標利益もしくは利益率を策定し、その実現のために目標工事高および工事原価を予定計算することである。よって、全社的、期間的な予定（見積）原価計算が実施される。

問2 ＶＥ（Value Engineering）の内容

ＶＥは、原価低減のツールとして幅広く利用されており、原価企画活動においても重要なツールとなっている。ＶＥでは、価値（Value：V）を機能（Function：F）とその機能を実現するためのコスト（Cost：C）の観点から定義し、「V＝F/C」の式で示される。ここで、価値（V）を高める手法としては、次の４つのパターンが考えられる。

・F（一定）／C（低減）
・F（向上）／C（一定）
・F（向上）／C（やや増加）
・F（向上）／C（低減）

ＶＥの実施プロセスはジョブプランと呼ばれ、一般に次の手順で行われる。

① ＶＥ適用対象の設定
② 機能定義
③ 機能に対するウェイトづけ
④ 機能実現のためのアイデアの創出と代替案の作成
⑤ 改善案の提言と採用

建設業でのＶＥの適用領域は、技術開発（構造開発、工法開発）と特定建造物の企画、計画、設計、調達、施工、使用の各段階に分けることができる。

第２問 ● 正誤問題

個別原価計算と総合原価計算に関する正誤問題である。

1．○ 個別原価計算は、１つの製造指図書に指示した生産品数量あるいは生産サービス量を原価集計単位として、その生産活動について費消した原価を把握しようとする原価計算方法である。

2．○ ロット別個別原価計算とは、製造指図書に集計された原価を製造原価とする個別原価計算のうち、複数以上の同種製品をひとまとめ（＝１ロット）にして生産する場合に適用される計算であり、ロットの製品単位原価は、そのロットの平均原価として算出される。

3．× 個別原価計算では、ある特定の製品製造のために発生した原価が、当該製品の製造指図書に集計されて製造原価となるが、その製品の製造途中で会計期末が到来し、製造指図書上の指示生産量が未完成の状態にある場合は、それまでに製造指図書に集計された金額をもって、その製品の仕掛品原価とする。

4．× 総合原価計算は、一定期間における同一種生産物あるいは同一種サービスの生産量を原価集計単位として、その生産活動について費消した原価を把握しようとする原価計算方法である。総合原価計算においても、一定期間に一定数量の標準製品を製造することを指示した継続製造指図書が発行される。

5．○ 総合原価計算は、単種あるいは異種の標準仕様化された製品を、同一の製造区域において、連続的ないし比較的大量に生産する場合、一定期間に標準製品を製造するために発生した原価を、その期間内に生産された製品生産量で割って、最終的に単位当たりの製造原価を求める原価計算手法である。

第3問 ● 原価の部門別計算（第2次集計）

問1 単一基準配賦法

単一基準配賦法とは、補助部門の固定費と変動費を区別することなく一括して、(実際）用役消費量を基準に配賦する方法である。

補助部門費配賦表

(単位：円)

項目	施工部門		補助部門		
	第1部門	第2部門	(修繕部門)	(運搬部門)	(管理部門)
部門費合計	4720000	4500000	798800	1600000	600000
補助部門費					
(管理部門費)	270000	210000	60000	60000	
(運搬部門費)	996000	498000	166000	1660000	
(修繕部門費)	563640	461160	1024800		
合　　計	6549640	5669160			

1．管理部門費の配賦（配賦基準：作業時間数）

第1部門：$\dfrac{600{,}000\text{円}}{9{,}000\text{時間}+7{,}000\text{時間}+2{,}000\text{時間}+2{,}000\text{時間}}\times 9{,}000\text{時間}=270{,}000\text{円}$

第2部門：　〃　×7,000時間＝210,000円

修繕部門：　〃　×2,000時間＝　60,000円

運搬部門：　〃　×2,000時間＝　60,000円

2．運搬部門費の配賦（配賦基準：実際運搬距離）

第1部門：$\dfrac{1{,}600{,}000\text{円}+60{,}000\text{円}}{200\text{km}}\times 120\text{km}=996{,}000\text{円}$

第2部門：　〃　×　60km＝498,000円

修繕部門：　〃　×　20km＝166,000円

3．修繕部門費の配賦（配賦基準：実際修繕作業時間）

第1部門：$\dfrac{798{,}800\text{円}+60{,}000\text{円}+166{,}000\text{円}}{99\text{時間}+81\text{時間}}\times 99\text{時間}=563{,}640\text{円}$

第2部門：　〃　×81時間＝461,160円

問2 複数基準配賦法

複数基準配賦法とは、補助部門の固定費（キャパシティ・コスト）と変動費（アクティビティ・コスト）を区別して、固定費は用役消費能力を基準に、変動費は（実際）用役消費量を基準に配賦する方法である。なお、本問では、固定費と変動費で補助部門（修繕部門と運搬部門）の配賦順位が異っている点に注意する。

〔固定費〕

補助部門費配賦表

（単位：円）

項目	施工部門		補助部門		
	第１部門	第２部門	（運搬部門）	（修繕部門）	（管理部門）
部門費合計	3080000	2580000	376000	438800	400000
補助部門費					
（管理部門費）	200000	120000	40000	40000	
（修繕部門費）	253600	162400	62800	478800	
（運搬部門費）	266000	212800	478800		
合　　計	3799600	3075200			

１．管理部門費の配賦（配賦基準：従業員数）

第１部門：$400{,}000円 \times \frac{50人}{50人+30人+10人+10人} = 200{,}000円$

第２部門：　〃　$\times \frac{30人}{50人+30人+10人+10人} = 120{,}000円$

運搬部門：　〃　$\times \frac{10人}{50人+30人+10人+10人} = 40{,}000円$

修繕部門：　〃　$\times \frac{10人}{50人+30人+10人+10人} = 40{,}000円$

２．修繕部門費の配賦（配賦基準：平均操業度）

第１部門：$(438{,}800円 + 40{,}000円) \times \frac{1{,}268時間}{2{,}394時間} = 253{,}600円$

第２部門：　〃　$\times \frac{812時間}{2{,}394時間} = 162{,}400円$

運搬部門：　〃　$\times \frac{314時間}{2{,}394時間} = 62{,}800円$

３．運搬部門費の配賦（配賦基準：実際的生産能力）

第１部門：$(376{,}000円 + 40{,}000円 + 62{,}800円) \times \frac{1{,}500km}{1{,}500km + 1{,}200km} = 266{,}000円$

第２部門：　〃　$\times \frac{1{,}200km}{1{,}500km + 1{,}200km} = 212{,}800円$

〔変動費〕

補助部門費配賦表

(単位：円)

項目	施工部門		補助部門		
	第1部門	第2部門	(修繕部門)	(運搬部門)	(管理部門)
部門費合計	1640000	1920000	360000	1224000	200000
補助部門費					
(管理部門費)	90000	70000	20000	20000	
(運搬部門費)	746400	373200	124400	1244000	
(修繕部門費)	277420	226980	504400		
合計	2753820	2590180			

1．管理部門費の配賦（配賦基準：作業時間数）

第1部門：$\dfrac{200{,}000円}{9{,}000時間+7{,}000時間+2{,}000時間+2{,}000時間}\times 9{,}000時間=90{,}000円$

第2部門：〃 ×7,000時間＝70,000円

修繕部門：〃 ×2,000時間＝20,000円

運搬部門：〃 ×2,000時間＝20,000円

2．運搬部門費の配賦（配賦基準：実際運搬距離）

第1部門：$\dfrac{1{,}224{,}000円+20{,}000円}{200km}\times 120km=746{,}400円$

第2部門：〃 × 60km＝373,200円

修繕部門：〃 × 20km＝124,400円

3．修繕部門費の配賦（配賦基準：実際修繕作業時間）

第1部門：$\dfrac{360{,}000円+20{,}000円+124{,}400円}{99時間+81時間}\times 99時間=277{,}420円$

第2部門：〃 ×81時間＝226,980円

第4問 ● 自製か外部購入かの意思決定

問1 原価計算の目的

自製か外部購入かのどちらが財務の面で有利であるかを意思決定することになる。また、現状の経営構造を前提として、その経営資源のもとで常時反復的に展開される業務活動上の意思決定であって、生産販売能力の変更を伴わない、短期の意思決定である。よって、その原価計算目的は、**(オ) 業務的意思決定目的**である。

問2 原価概念

自製案を選択すれば機械の賃借料が発生することになり、購入案を選択すれば発生せず、機械の賃借料を節約することができる。よって、自製案の選択にとって、機械の賃借料節約額は、得る機会を逸する逸失利益であり、**(エ) 機会原価**であるといえる。

問3 自製か外部購入かの意思決定（その1）

自　　製：7,000,000円＋13,000,000円＋10,000,000円－5,200,000円[注]＝24,800,000円
（7,000,000円：直接材料費、13,000,000円：直接労務費、10,000,000円－5,200,000円：変動製造間接費 4,800,000円）

（注）固定製造間接費は、自製でも外部購入でも同額発生するため無関連原価（埋没原価）である。

外部購入：@13,000円×2,000個＋1,800,000円－1,300,000円＝26,500,000円
（1,800,000円：検収担当者の費用、1,300,000円：賃借料の節約額）

よって、部品Pを月間2,000個外部購入したほうが、自製する場合に比べて、月間総額で**1,700,000円**（＝26,500,000円－24,800,000円）不利（Y）である。

問4 自製か外部購入かの意思決定（その2）

製品甲を生産する場合の利益：
32,770,000円－(7,000,000円×125％＋13,000,000円×120％＋4,800,000円×120％)＝2,660,000円

自　　製：24,800,000円（問3と同じ）

外部購入：@13,000円×2,000個＋1,800,000円－2,660,000円＝25,140,000円
（1,800,000円：検収担当者の費用、2,660,000円：製品甲の利益）

よって、部品Pを外部購入し製品甲を生産するほうが、部品Pを生産する場合に比べて、月間総額で**340,000円**（＝25,140,000円－24,800,000円）不利（Y）である。

第5問 ● 総合問題

問1 工事原価計算表の作成

1．材料費

(1)　A材料費（常備資材）

資料3(1)より、先入先出法によって各工事の消費額を計算する。

借方	貸方
1日　前月繰越　@1,700円　60個	13日（507工事）　60個
11日　仕入れ　@1,800円　350個	210個
	17日（509工事）　125個
	29日（508工事）　15個
20日　仕入れ　@1,780円　250個	193個
	月末在庫　57個

507工事：@1,700円×60個＋@1,800円×210個
＝480,000円

509工事：@1,800円×125個＝225,000円

508工事：@1,800円×15個＋@1,780円×193個
＝370,540円

⑵　B材料費（引当材料）

資料３⑵より、予定購入単価@2,900円に、材料副費５％を加算した@3,045円（＝@2,900円×1.05）を、工事別現場投入量に掛けて計算する。なお、506工事における残材は、今後の工事で再利用する予定であるため、その分を控除する。

506工事：@3,045円×(27kg－２kg)＝76,125円
507工事：@3,045円×50kg＝152,250円
508工事：@3,045円×36kg＝109,620円
509工事：@3,045円×28kg＝ 85,260円

２．労務費

資料４より、C作業とD作業の平均賃率を計算し、それを工事別実際作業時間（C作業とD作業の合計）に掛けて計算する。

C作業時間合計：10時間＋31時間＋25時間＋16時間＝ 82時間
D作業時間合計：13時間＋42時間＋29時間＋20時間＝104時間
平均賃率：(147,750円＋181,470円)÷(82時間＋104時間)＝@1,770円

506工事：@1,770円×(10時間＋13時間)＝ 40,710円
507工事：@1,770円×(31時間＋42時間)＝129,210円
508工事：@1,770円×(25時間＋29時間)＝ 95,580円
509工事：@1,770円×(16時間＋20時間)＝ 63,720円

３．外注費

資料５より、工事台帳に計上した外注費から、外部に委託した施工管理・安全管理業務の支払報酬を差し引いて計算する。

506工事：185,110円－31,770円＝153,340円
507工事：291,250円－74,470円＝216,780円
508工事：249,880円－69,220円＝180,660円
509工事：195,110円－44,880円＝150,230円

４．経　費

⑴　直接経費：資料６⑴より、解答用紙に記入済み。

⑵　重機械運搬費

資料６⑵より、変動予算方式により予定配賦率を算定し、その予定配賦率に各工事のD作業時間（資料４）を掛けて計算する。

$$予定配賦率：変動費率@880円＋\frac{107,100円}{102時間}(＝固定費率@1,050円)＝@1,930円$$

506工事：@1,930円×13時間＝25,090円
507工事：@1,930円×42時間＝81,060円
508工事：@1,930円×29時間＝55,970円
509工事：@1,930円×20時間＝38,600円

⑶ その他経費

資料5および資料6⑶より、外部に委託した施工管理・安全管理業務の支払報酬と受注者負担の注文履行に伴う費用を、その他経費として処理する。

506工事：31,770円＋38,320円＝ 70,090円

507工事：74,470円＋40,050円＝114,520円

508工事：69,220円

509工事：44,880円

工事原価計算表

20×2年11月 （単位：円）

工事番号	506	507	508	509	合 計
月初未成工事原価	364,780※	111,180※	——	——	475,960
当月発生工事原価					
1．材料費					
⑴A材料費	——	480,000	370,540	225,000	1,075,540
⑵B材料費	76,125	152,250	109,620	85,260	423,255
材料費計	76,125	632,250	480,160	310,260	1,498,795
2．労務費	40,710	129,210	95,580	63,720	329,220
3．外注費	153,340	216,780	180,660	150,230	701,010
4．経　費					
⑴直接経費	17,030	59,900	48,770	25,110	150,810
⑵重機械運搬費	25,090	81,060	55,970	38,600	200,720
⑶その他経費	70,090	114,520	69,220	44,880	298,710
経 費 計	112,210	255,480	173,960	108,590	650,240
当月完成工事原価	747,165	1,344,900	——	——	2,092,065
月末未成工事原価	——	——	930,360	632,800	1,563,160

※ 月初未成工事原価（資料2より）

506工事：148,550円＋70,130円＋108,110円＋37,990円＝364,780円

507工事： 46,440円＋15,990円＋ 35,420円＋13,330円＝111,180円

問2 工事進行基準に基づく完成工事高

原価比例法を採用することから、工事収益総額に、508工事の当月末までの実際原価発生額を見積工事原価総額で割ることで計算される工事進捗度を掛けて工事完成高を計算する。

$$508工事の完成工事高：1,800,000円\times\frac{930,360円}{1,550,000円}=1,080,418.06\cdots円$$

⇨ **1,080,418円**（円未満四捨五入）

問3　当月の重機械運搬費の配賦差異

(1)　重機械運搬費配賦差異：@1,930円×104時間－198,880円＝(+)**1,840円**（有利差異：A）
　　　予定配賦額200,720円（@1,930円×104時間）

(2)　予算差異：@880円×104時間＋107,100円－198,880円＝(－)**260円**（不利差異：B）
　　　予算許容額198,620円（@880円×104時間＋107,100円）

(3)　操業度差異：@1,050円×（104時間－102時間）＝(+)**2,100円**（有利差異：A）
　　　104時間：実際　102時間：基準

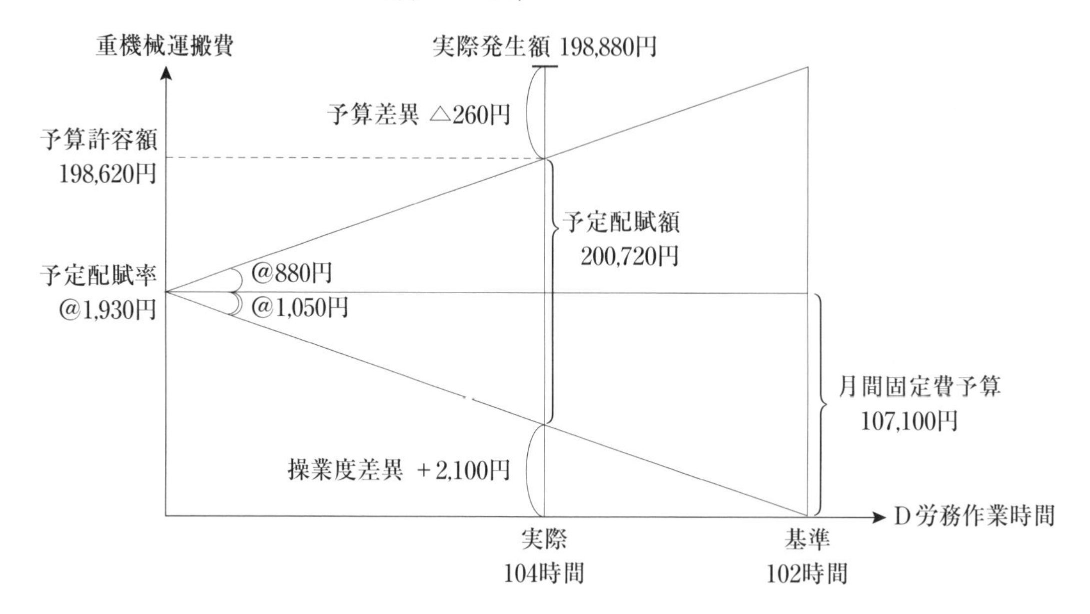

第31回 解答

問題 52

解答

答

第1問 20点

解答にあたっては、各問とも指定した字数以内（句読点を含む）で記入すること。

問1

実行予算とは、各工事の採算性を重視して工事別に細分
化された予算である。❹実行予算は、建設現場の作業管理
者も参加した達成可能な目標原価を中心としたものでな
ければならないため、実行予算の編成段階は、動機付け
コントロールであり、内部指向コスト・コントロールの
出発点となる。❷また、期間予算を中心に展開される利益
計画を達成可能なものにするのは、各工事による個別利
益の積み重ねであるため、利益計画の具体的達成を果た
す基礎となる。❷そして、実行予算は、管理責任区分と明
確に対応したコスト別に編成されるべきであり、定期的
な原価集計と報告により日常的コントロールの役割を果
たすため、責任会計制度を効果的に進める手段となる。❷

問2

内部利益率法とは、その投資案の正味現在価値がゼロと
なる割引率である内部利益率を求め、❸その内部利益率が
より大きな投資案ほど有利であると判断する方法である
。❷考慮対象としている投資案が独立投資案である場合に
は、内部利益率が最低所要利益率である資本コスト率よ
りも大きければ、その投資案は有利であると判定して採
用となる。❸逆に内部利益率が資本コスト率よりも小さけ
れば、その投資案は不利であると判定して棄却となる。❷

第31回

第2問 14点

記号（ア〜ネ）

1	2	3	4	5	6	7	8
チ	ナ	カ	エ	オ	イ	セ	シ

5以外、各❷

第3問 12点

問1

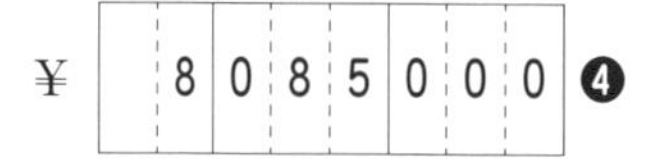

問2

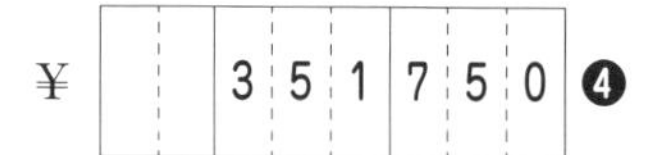

問3

第4問　20点

問1

(1)

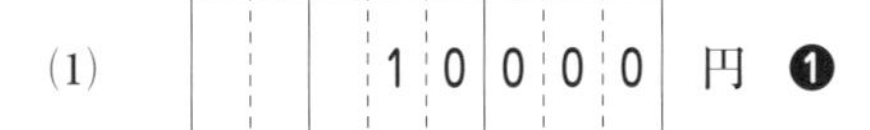

10000 円 ❶

(2) 13000000 円 ❷

問2

(1) 14200000 円 ❷

(2) 37956600 円 ❷

(3) 7956600 円 ❷

問3

(1)

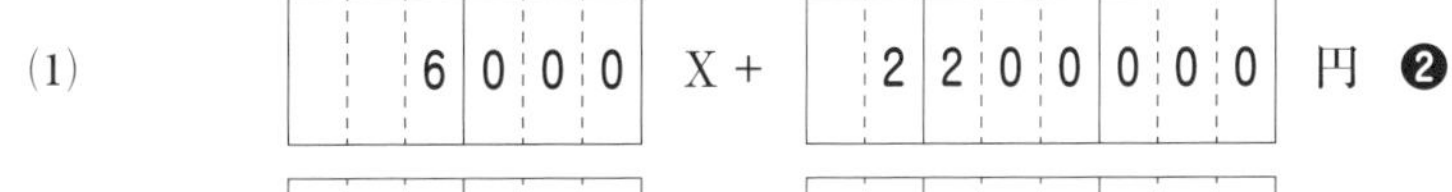

6000 X + 2200000 円 ❷

(2)

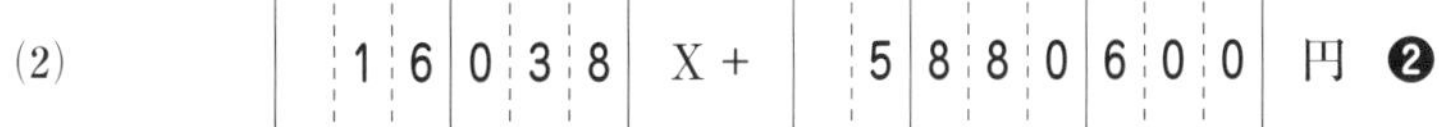

16038 X + 5880600 円 ❷

(3)

1504 個以上 ❷

問4

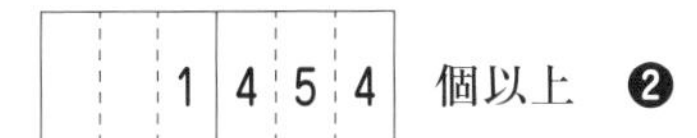

1454 個以上 ❷

問5

(1) 1704 個以上 ❷

(2) A 記号（AまたはB）❶

第5問　34点

問1

完成工事原価報告書
自　20×8年10月1日
至　20×8年10月31日

X建設工業株式会社
（単位：円）

Ⅰ．材料費		1347400	❹
Ⅱ．労務費		1108250	❹
（うち労務外注費	381050）❸		
Ⅲ．外注費		324280	
Ⅳ．経　費		761460	❹
（うち人件費	489000）❸		
完成工事原価		3541390	❹

問2

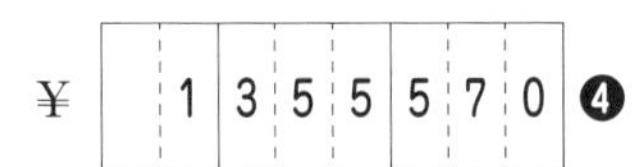

¥ 1355570 ❹

問3

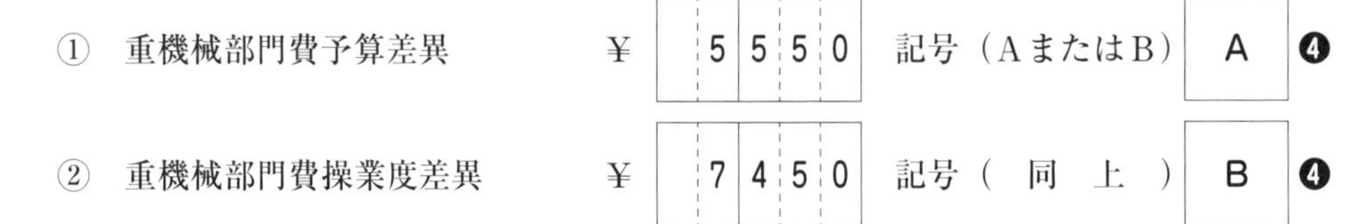

① 重機械部門費予算差異　¥ 5550　記号（AまたはB）A ❹

② 重機械部門費操業度差異　¥ 7450　記号（　同　上　）B ❹

●数字…予想配点

第31回 解答への道

問題 52

第1問 ● 記述問題

問1 工事レベルの実行予算の3つの機能

建設業の生産現場は、期間有限の個性をもったものであるために、その原価管理実践は、各工事別に設定される実行予算を中核として実施される。工事別実行予算は、多様な機能を果たすことが要求されるが、これをまとめれば次のようになる。

① 内部指向コスト・コントロールのスタートとなる。

積算に基づく見積原価段階は、あくまでも対外的受注促進活動の一環であるが、工事実行予算は、建設現場の作業管理者も参加した達成可能な目標原価を中心としたものでなければならない。この意味で、実行予算の編成段階は、動機づけコスト・コントロールであり、コントロール活動の出発点となる。

② 利益計画の具体的達成を果たす基礎となる。

利益計画およびその統制は、通常、期間予算を中心に展開されるが、その達成を可能にするのは、建設業の場合、個々の工事による個別利益の積み重ね以外にない。総合的利益計画とのバランスを十分に意識して、個別工事の利益目標を確定していくことが大切である。

③ 責任会計制度を効果的にすすめる手段となる。

実行予算は、管理責任区分と明確に対応したコスト別に編成されるべきであり、個別工事での達成目標は、さらに各セクションに細分化してコントロールしていかなければならない。

問2 内部利益率法の説明

内部利益率法とは、投資によって生ずる年々の正味現金流入額を割り引いた現在価値合計と、その投資に必要な現金流出額の現在価値合計とが、ちょうど等しくなる割引率、すなわち、その投資案の正味現在価値がゼロとなる割引率（これを内部利益率という）を求め、内部利益率がより大きな投資案ほど有利であると判断する方法である。投資案が独立投資案である場合には、内部利益率が最低所要利益率である資本コスト率よりも大きければ、その投資案は有利であると判定して採用し、逆に内部利益率が資本コスト率よりも小さければ、その投資案は不利であると判定して棄却されるべきである。なお、内部利益率は試行錯誤で求めなければならない。

第2問 ● 語句選択問題

標準原価計算に関する語句選択問題である。語句を補充しておけば、次のとおりである。

1．わが国の『原価計算基準』では、「原価管理とは、原価の標準を設定してこれを指示し、原価の実際の発生額を計算記録し、これを標準と比較して、その差異の原因を分析し、これに関する資料を経営管理者に報告し、［1 チ 原価能率］を増進する措置を講ずること」と定義されている。ここでの原価管理は、標準原価計算による［2 ナ 原価統制］を意味する。

2．原価標準とは製品単位当たりの標準原価であり、標準原価は原価標準に［3 カ 実際生産量］を乗じて算出される。

3．原価標準は、原則として［4 エ 物量］標準と［5 オ 価格］標準との両面を考慮して算定する。原単位管理または歩掛管理の観点からは［4 エ 物量］標準が特に重視される。
4．原価標準は、財貨の消費量を科学的、統計的調査に基づいて能率の尺度となるように予定し、かつ［6 イ 予定価格］または正常価格をもって計算した原価をいう。ここで能率の尺度としての標準とは、その標準が適用される期間において達成されるべき原価の目標を意味する。
5．標準原価はそのタイトネス（厳格さ）を基礎に、理想標準原価、［7 セ 現実的標準原価］、［8 シ 正常原価］に分類される。［7 セ 現実的標準原価］は、良好な能率のもとにおいて、その達成が期待されうる原価である。［8 シ 正常原価］は、経営における異常な状態を排除し、経営活動に関する比較的長期にわたる過去の実際数値を統計的に平準化し、これに将来のすう勢を加味した正常能率、正常操業度および正常価格に基づいて決定される原価である。

第3問 ● M資材に関する計算

問1 直接工事費の計算

直接工事費の算入額：7,700,000円×（1＋0.05）＝**8,085,000円**

問2 次月繰越額の計算

当月購入額：8,400,000円×（1＋0.05）＝8,820,000円
当月消費額：直接工事費；8,085,000円（問1より）
　　　　　　間接工事費；655,000円×（1＋0.05）＝687,750円
次月繰越額：304,500円（前月繰越）＋8,820,000円（当月購入額）－（8,085,000円＋687,750円）（当月消費額）＝**351,750円**

問3 副費配賦差異の勘定残高

当月の副費配賦差異：420,000円（＝8,400,000円×0.05）－393,750円＝(+)26,250円（貸方）
副費配賦差異の勘定残高：(−)2,950円＋(+)26,250円＝(+)**23,300円**（貸方差異：**B**）

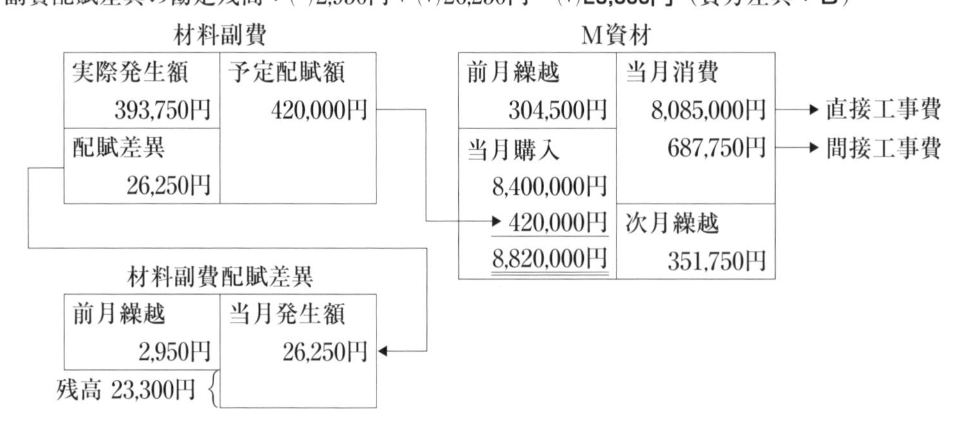

第4問●設備投資の意思決定

問1　設備AでZ製品を製造販売する場合

(1) 製品1個当たりの限界利益（貢献利益）
販売価格20,000円－変動費10,000円＝**10,000円**

(2) 費用に計上される年間個別固定費総額
年間減価償却費：30,000,000円÷3年＝10,000,000円
年間固定費3,000,000円＋減価償却費10,000,000円＝**13,000,000円**

問2　設備Aを使用してZ製品2,000個を製造販売する場合

(1) 1年間のネット・キャッシュ・フロー
(10,000円×2,000個－3,000,000円)×(1－0.4)＋10,000,000円×0.4＝**14,200,000円**
（(10,000円×2,000個－3,000,000円)×(1－0.4)：税引後純現金流入額　10,000,000円×0.4：タックス・シールド）

(2) 3年間のネット・キャッシュ・フローの現在価値合計
14,200,000円×2.673＝**37,956,600円**

(3) 正味現在価値
37,956,600円－購入原価30,000,000円＝**7,956,600円**

問3　設備Aを使用してZ製品を製造販売する場合

(1) 製造販売個数Xの1年間のネット・キャッシュ・フロー
(10,000円×X個－3,000,000円)×(1－0.4)＋10,000,000円×0.4＝**6,000X＋2,200,000円**
（(10,000円×X個－3,000,000円)×(1－0.4)：税引後純現金流入額　10,000,000円×0.4：タックス・シールド）

(2) 3年間のネット・キャッシュ・フローの現在価値合計
(6,000X＋2,200,000円)×2.673＝**16,038X＋5,880,600円**

(3) 正味現在価値が正（プラス）となる1年間の製造販売数量
16,038X＋5,880,600円－30,000,000円＞0
∴　X＞1,503.89…個 ⇨ **1,504個以上**（1個未満切り上げ）

問4　設備Bを使用してZ製品を製造販売する場合

(1) 設備Bの減価償却費
24,000,000円÷3年＝8,000,000円

(2) 製造販売個数Xの1年間のネット・キャッシュ・フロー
{(20,000円－12,000円)×X個－2,000,000円}×(1－0.4)＋8,000,000円×0.4＝4,800X＋2,000,000円
（{(20,000円－12,000円)×X個－2,000,000円}×(1－0.4)：税引後純現金流入額　8,000,000円×0.4：タックス・シールド）

(3) Z製品をX個製造販売したときの3年間のネット・キャッシュ・フローの現在価値合計
(4,800X＋2,000,000円)×2.673＝12,830.4X＋5,346,000円

(4) 正味現在価値が正（プラス）となる1年間の製造販売数量
12,830.4X＋5,346,000円－24,000,000円＞0
∴　X＞1,453.89…個 ⇨ **1,454個以上**（1個未満切り上げ）

問5　設備Aと設備Bの優劣分岐点

(1)　優劣分岐点の製造販売量

16,038 X ＋5,880,600円－30,000,000円 ＞ 12,830.4 X ＋5,346,000円－24,000,000円

設備Aの正味現在価値　　　　　設備Bの正味現在価値

∴　X ＞ 1,703.89…個 ⇨ **1,704個**（1個未満切り上げ）

(2)　製造販売量が1,704個以上のとき、正味現在価値は**設備A**の方が大きくなる。

第5問●総合問題

工事原価計算表

20×8年10月1日～20×8年10月31日　　　　(単位：円)

	801工事	802工事	803工事	804工事	合　計
月初未成工事原価	432,910※	216,930	——	——	649,840
当月発生工事原価					
1．材料費					
(1)甲材料費	——	455,000	742,000	666,000	1,863,000
(2)乙材料費	——	18,500	39,100	15,800	73,400
材料費計	——	473,500	781,100	681,800	1,936,400
2．労務費					
(1)重機械オペレーター	125,000	209,500	218,750	250,000	803,250
(2)労務外注費	19,000	67,500	78,200	140,000	304,700
労務費計	144,000	277,000	296,950	390,000	1,107,950
3．外注費	25,600	98,700	89,460	155,500	369,260
4．経　費					
(1)直接経費	7,500	17,800	23,900	45,500	94,700
(2)人件費	79,450	130,400	101,660	196,050	507,560
(3)重機械部門費	18,750	75,000	62,500	75,000	231,250
経　費　計	105,700	223,200	188,060	316,550	833,510
当月完成工事原価	708,210	1,289,330	——	1,543,850	3,541,390
月末未成工事原価	——	——	1,355,570	——	1,355,570

※　資料3(2)より、801工事の月初未成工事原価（443,410円）から乙材料の仮設工事完了時評価額（10,500円）を控除する。

1．材料費

⑴　甲材料費（常備材料）

資料3⑴より、先入先出法によって各工事の消費額を計算する。

受入	払出
1日　前月繰越 @10,000円 40単位	6日（802工事） 40単位
3日　購入 @11,000円 60単位	10単位 19日　戻り△5単位 16日（804工事） 50単位
11日　購入 @11,600円※ 30単位	10単位 24日（803工事） 戻り　5単位 20単位
22日　購入 @13,000円 40単位	35単位 月末在庫5単位

802工事：@10,000円×40単位＋@11,000円×(10単位－5単位)＝455,000円

804工事：@11,000円×50単位＋@11,600円×10単位＝666,000円

803工事：@11,000円×5単位＋@11,600円×20単位＋@13,000円×35単位＝742,000円

※　(@12,000円×30単位－12,000円)÷30単位＝@11,600円

⑵　乙材料費（仮設工事用の資材）

資料3⑵より、すくい出し法により処理するため、仮設工事完了時評価額を投入額から控除する。なお、801工事については、月初未成工事原価の材料費142,100円（資料2⑴）から控除する。

802工事：35,000円－16,500円＝18,500円

803工事：39,100円

804工事：38,400円－22,600円＝15,800円

2．労務費

⑴　重機械オペレーター

資料4より、実際発生額を配賦しているため、まず当月要支払額を計算し、その要支払額を従事日数で割ることで実際配賦率を算定する。次いで、その実際配賦率に各工事の従事日数を掛けることにより、各工事の実際配賦額を計算する。なお、⑵より802工事においては、残業手当を別途加算する。

当月支払 795,000円	前月未払 110,600円
	当月要支払額 （差額） 781,250円
当月未払 96,850円	

当月要支払額：795,000円－110,600円＋96,850円＝781,250円

実際配賦率：781,250円÷25日＝@31,250円

801工事：@31,250円×4日＝125,000円

802工事：@31,250円×6日＋22,000円(残業手当)＝209,500円

803工事：@31,250円×7日＝218,750円

804工事：@31,250円×8日＝250,000円

⑵　労務外注費

資料5の「労務外注」をそのまま集計する。

3．外注費

資料5の「一般外注」をそのまま集計する。

4．経　費

⑴　直接経費

資料6⑴より、動力用水光熱費、労務管理費および事務用品費の合計額を計上する。

801工事：　4,000円＋　2,200円＋1,300円＝　7,500円

802工事：　5,900円＋　7,700円＋4,200円＝17,800円

803工事：10,700円＋10,100円＋3,100円＝23,900円

804工事：14,300円＋21,400円＋9,800円＝45,500円

⑵　人件費

資料6⑴および⑵より、従業員給料手当、法定福利費、福利厚生費およびZ氏の役員報酬額の合計額を計上する。施工管理技術者であるZ氏の役員報酬は、当月役員報酬発生額を、施工管理業務の従事時間と役員としての一般管理業務時間の合計で割ることにより配賦率を算定し、その配賦率に各工事の従事時間を掛けることにより計算する。なお、工事原価と一般管理費の業務との間に等価係数を設定しているため、配賦率を計算する際に施工管理業務の従事時間には1.5を、一般管理業務時間には1.0を掛けて計算する。

Z氏の役員報酬額：801工事；$\frac{682{,}000円}{80時間\times1.5+100時間\times1.0}\times14時間\times1.5=$　65,100円

802工事；　〃　×22時間×1.5＝102,300円

803工事；　〃　×14時間×1.5＝　65,100円

804工事；　〃　×30時間×1.5＝139,500円

801工事：　9,800円＋1,050円＋　3,500円＋　65,100円＝　79,450円

802工事：15,900円＋3,600円＋　8,600円＋102,300円＝130,400円

803工事：20,800円＋6,700円＋　9,060円＋　65,100円＝101,660円

804工事：33,300円＋7,450円＋15,800円＋139,500円＝196,050円

⑶　重機械部門費

資料6⑶より、固定予算方式によって予定配賦率を算定し、その予定配賦率に工事別の使用実績（従事時間）を掛けて計算する。

予定配賦率：225,000円÷180時間＝@1,250円

801工事：@1,250円×15時間＝18,750円

802工事：@1,250円×60時間＝75,000円

803工事：@1,250円×50時間＝62,500円

804工事：@1,250円×60時間＝75,000円

問1 完成工事原価報告書の作成

当月に完成した801工事、802工事および804工事の工事原価を費目ごとに集計する。

（単位：円）

	801工事		802工事		804工事	合 計
	月 初	当 月	月 初	当 月	当 月	
材料費	131,600※	——	60,500	473,500	681,800	**1,347,400**
労務費	195,500	144,000	101,750	277,000	390,000	**1,108,250**
（うち労務外注費）	(105,000)	(19,000)	(49,550)	(67,500)	(140,000)	**(381,050)**
外注費	22,700	25,600	21,780	98,700	155,500	**324,280**
経費	83,110	105,700	32,900	223,200	316,550	**761,460**
（うち人件費）	(55,200)	(79,450)	(27,900)	(130,400)	(196,050)	**(489,000)**
合 計	432,910	275,300	216,930	1,072,400	1,543,850	**3,541,390**

※ 資料3⑵より、乙材料の仮設工事完了時評価額（10,500円）を控除する。

問2 未成工事支出金勘定の残高

工事原価計算表の803工事原価：**1,355,570円**

問3 配賦差異の当月末の勘定残高

① 重機械部門費予算差異（資料6⑶より）

当月の予算差異：225,000円（予算）－232,000円（実際）＝(－)7,000円（借方）

予算差異の勘定残高：(＋)1,450円＋(－)7,000円＝(－)**5,550円**（借方残高：A）

② 重機械部門費操業度差異（資料6⑶より）

当月の操業度差異：@1,250円×（185時間（実際）－180時間（基準））＝(＋)6,250円（貸方）

操業度差異の勘定残高：(＋)1,200円＋(＋)6,250円＝(＋)**7,450円**（貸方残高：B）

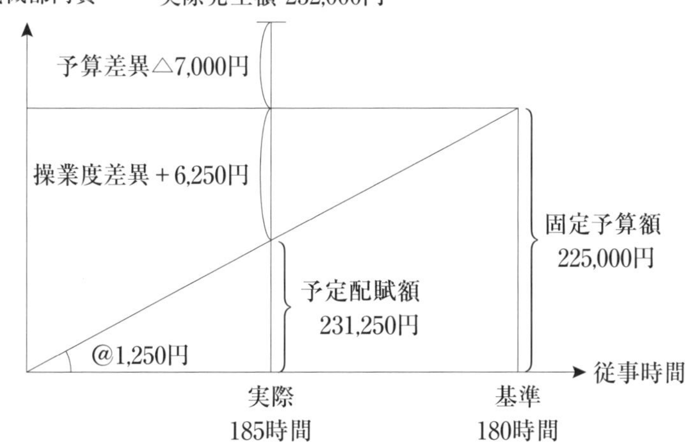

第32回 解答

問題 58

第1問 20点

解答にあたっては、各問とも指定した字数以内（句読点を含む）で記入すること。

問1

実際原価計算制度には、費目別原価計算、部門別原価計算および製品原価別計算の3つの計算ステップがある。❹費目別原価計算とは、一定期間における原価要素を費目別に分類測定する手続きをいい、原価計算における第1次の計算段階である。❷部門別原価計算とは、費目別原価計算において把握された原価要素を、原価部門別に分類集計する手続きをいい、原価計算における第2次の計算段階である。❷製品別原価計算とは、原価要素を一定の製品単位に集計し、単位たる製品別原価を算定する手続きをいい、原価計算における第3次の計算段階である。❷

問2

標準原価には、状況や環境の変化に応じて改訂していく当座標準原価と、❷ひとたび設定してからは、これを指数的に固定化して使用していく基準標準原価がある。❷当座標準原価は、作業条件の変化や価格要素の変動を考慮して、毎期その改訂を検討していく標準原価である。これは原価管理目的ばかりでなく、棚卸資産評価や売上原価算定のためにも利用し得るもので、原価計算基準の立場の標準原価である。❸一方、基準標準原価は、経営の基本構造に変化のない限り改訂しないものであるから、一定水準とのすう勢的な比較を目的とした標準原価である。❸

第2問 10点

記号（ア～タ）

1	2	3	4	5
キ	オ	サ	ク	ソ

各❷

第3問 14点

問1

運転1時間当たり損料額 ¥ 4150 ❸

供用1日当たり損料額 ¥ 20200 ❸

問2

M現場への配賦額 ¥ 143050 ❷

N現場への配賦額 ¥ 483100 ❷

問3

¥ 168150 記号（AまたはB） B ❹

第4問 20点

問1

1367500 千円 ❹

問2

問3

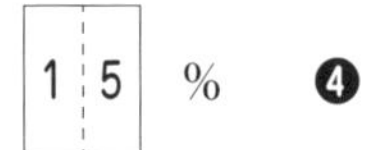

問4

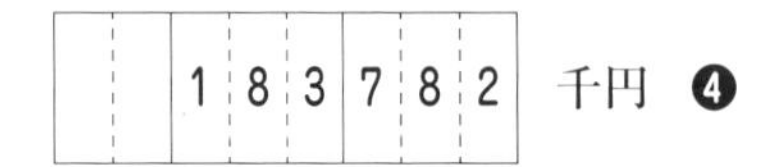

問5

4.8 年 ❹

第5問 36点

問1　走行距離1km当たり車両費予定配賦率

車両F　820 円/km ❸

車両G　760 円/km ❸

問2

工事原価計算表

20×7年7月

（単位：円）

工事番号	781	782	783	784	合　計
月初未成工事原価	❷ 273010	142280	——	——	415290
当月発生工事原価					
1．材料費					
(1)A仮設資材費	0	25020	15920	38200	79140
(2)B引当材料費	69010	144200	151410	204970	569590
〔材料費計〕	69010	❷ 169220	167330	243170	648730
2．労務費	76100	144110	❷ 147010	116850	484070
（うち労務外注費）	24100	58310	48210	28450	159070
3．外注費	47109	69880	195200	❷ 111900	424089
4．経　費					
(1)車両部門費	❷ 4620	21940	37980	33880	98420
(2)重機械部門費	13020	❷ 21483	24738	22134	81375
(3)出張所経費配賦額	14500	29000	❷ 34800	20300	98600
〔経費計〕	32140	72423	97518	❷ 76314	278395
当月完成工事原価	❷ 497369	❷ 597913	❷ 607058	——	1702340
月末未成工事原価	——	——	——	❷ 548234	548234

問3

①	材料副費配賦差異	¥ 2110	記号（AまたはB）	A	❷
②	労務費賃率差異	¥ 8300	記号（　同　上　）	B	❷
③	重機械部門費操業度差異	¥ 2175	記号（　同　上　）	B	❷

●数字…予想配点

第32回 解答への道

問 題 58

第1問 ● 記述問題

問1 実際原価計算制度の3つの計算ステップの説明

財務諸表作成目的のために実施される実際原価計算制度には、次の3つの計算ステップがある。

原価の費目別計算 ⟶ 原価の部門別計算 ⟶ 原価の製品別（工事別）計算

『原価計算基準』9・15・19に、それぞれ次のように定義されている。

原価の費目別計算とは、一定期間における原価要素を費目別に分類測定する手続をいい、財務会計における費用計算であると同時に、原価計算における第一次の計算段階である。

原価の部門別計算とは、費目別計算においては握された原価要素を、原価部門別に分類集計する手続をいい、原価計算における第二次の計算段階である。

原価の製品別計算とは、原価要素を一定の製品単位に集計し、単位製品の製造原価を算定する手続をいい、原価計算における第三次の計算段階である。

問2 標準原価の種類（改訂頻度の観点から）

『原価計算基準』42「標準原価の改訂」は、次のとおりである。

「標準原価は、原価管理のためにも、予算編成のためにも、また、たな卸資産価額および売上原価算定のためにも、現状に即した標準でなければならないから、常にその適否を吟味し、機械設備、生産方式等生産の基本条件ならびに材料価格、賃率等に重大な変化が生じた場合には、現状に即するようにこれを改訂する。」

改訂頻度の観点から標準原価は、当座標準原価と基準標準原価の2種類があげられる。

当座標準原価とは、状況や環境の変化に応じて改訂していく標準原価である。すなわち、作業条件の変化や価格要素の変動を考慮して、毎期その改訂を検討していくものである。この当座標準原価は、原価管理目的に限らず、棚卸資産評価や売上原価算定のためにも利用されるもので、『原価計算基準』の立場の標準原価である。

一方、基準標準原価とは、ひとたび設定してからは、これを指数的に固定化して使用していく標準原価がある。すなわち、経営の基本構造に変化のない限り改訂しないものであるから、一定水準とのすう勢的な比較を目的としたものである。

第2問 ● 語句選択問題

⑴ 補助部門の［1 キ 施工部門化］とは、補助経営部門が相当の規模になった場合に、これを独立した経営単位とし、部門別計算上、施工部門として扱うことと解釈される。

『原価計算基準』16（二）「補助部門」では、次のように補助部門の製造部門化を述べている。

「工具製作、修繕、動力等の補助経営部門が相当の規模となった場合には、これを独立の経営単位とし、計算上製造部門として取り扱う。」

⑵ 間接費の配賦に際して、数年という景気の1循環期間にわたってキャパシティ・コストを平均的に吸収させようとする考えで選択された操業水準を［2 オ 長期正常操業度］という。

予定（正常）配賦率を算定する際に用いられる基準操業度には、次の３つがある。

次期予定操業度 … 対象期間に現実に予定される操業度を予想する方法であり、単年度のキャパシティ・コストを当該期間の生産品に全額吸収させてしまおうとする方法である。

長期正常操業度 … 長期（景気の１循環期間）にわたる生産品に、当該期間のキャパシティ・コストを吸収させようとするものであり、数年間の平均化された操業度が採用される。

実現可能最大操業度 … 経営の有する能力を正常状態で最大限に発揮したときに期待されるものであり、アイドル（遊休）となってしまった経営能力を析出しようとする狙いがある。

(3) 経費のうち、従業員給料手当、退職金、**3 サ 法定福利費** および福利厚生費を人件費という。

完成工事原価報告書を作成する際には経費欄の下に、従業員給料手当、退職金、法定福利費および福利厚生費を人件費として内書きする必要がある。

(4) 個別原価計算における間接費は、原則として、**4 ク 予定配賦** 率をもって各指図書に配賦する。

『原価計算基準』33（二）に、「間接費は、原則として予定配賦率をもって各指図書に配賦する。」とある。

(5) 補助部門費の施工部門への配賦方法のうち、補助部門間のサービスの授受を計算上すべて無視して配賦計算を行う方法を **5 ソ 直接配賦法** という。

補助部門費の施工部門への配賦方法には、次の３つがある。

直接配賦法 … 補助部門費は施工部門にのみサービスを提供しているという前提で、最初から施工部門にのみ配賦を行う方法であり、最も簡便な手法である。

階梯式配賦法 … 他の補助部門にもより広くサービスを提供している部門から配賦計算を推し進めていく方法である。これによれば、最後に配賦計算をする補助部門は、他の補助部門費は受け取るが、施工部門にのみ配賦する結果となる。

相互配賦法 … 最も厳格な配賦計算の方法であり、補助部門間のサービス授受の実態を適切に反映させるために、補助部門間の振替数値をやりとりしなければならない。計算の終結のためには、次のような方法がある。

① 第１回のみ相互配賦し、第２回は直接配賦してしまう方法
② 無視してよいほどの数値になるまで、連続して相互配賦する方法
③ 連立方程式によって解く方法

第３問 ● 大型クレーンの損料計算

問１ 単位当たり損料額の計算

1．運転１時間当たり損料額

減価償却費の半額と修繕費予算を年間運転時間で割って求める。

修繕費予算（年額）：(2,100,000円 × ３年 + 2,500,000円 × ５年) ÷ ８年 = 2,350,000円

(32,000,000円 × 0.9 ÷ ８年 ÷ ２ + 2,350,000円) ÷ 1,000時間 = **4,150円/時間**

（減価償却費の半額 1,800,000円）（修繕費予算）

2．供用1日当たり損料額

減価償却費の半額と管理費予算を年間供用日数で割って求める。

(32,000,000円×0.9÷8年÷2＋32,000,000円×7％)÷200日＝**20,200円/日**

（減価償却費の半額 1,800,000円　管理費予算 2,240,000円）

問2　各現場への配賦額

M現場：20,200円/日×4日＋4,150円/時間×15時間＝**143,050円**

N現場：20,200円/日×12日＋4,150円/時間×58時間＝**483,100円**

問3　損料差異の計算

予定配賦額：20,200円/日×(4日＋12日＋3日)＋4,150円/時間×(15時間＋58時間＋14時間)＝744,850円

実際発生額：210,500円＋402,500円＋32,000,000円×0.9÷8年÷12か月＝913,000円

（管理費　修繕費　減価償却費(月額) 300,000円）

損料差異：744,850円－913,000円＝(−)**168,150円**（不利差異：**B**）

第4問●設備投資の意思決定

問1　1年間の差額キャッシュ・フローの計算

減価償却費：5,000,000千円÷5年＝1,000,000千円

1年間の差額キャッシュ・フロー：525,000千円×(1－0.3)＋1,000,000千円＝**1,367,500千円**

（税引後利益 367,500千円　減価償却費）

なお、1年間の差額キャッシュ・フローは、次のように計算することもできる。

損益計算書

現金支出費用 2,475,000千円※		現金売上 4,000,000千円
減価償却費 1,000,000千円		
税引後利益	法人税（30％）	

差額キャッシュ・フロー：

(4,000,000千円－2,475,000千円)×(1－0.3)

＋1,000,000千円×0.3＝**1,367,500千円**

※　1,800,000千円＋275,000千円＋1,250,000千円＋150,000千円－1,000,000千円＝2,475,000千円

（変動売上原価　変動販売費　固定製造原価　固定販管費　減価償却費）

問2　単純回収期間の計算

単純回収期間：$\frac{5,000,000千円}{1,367,500千円}$＝3.656…年 ⇨ **3.7年**（小数点第2位を四捨五入）

問3　単純投資利益率の計算

単純投資利益率：$\frac{(1,367,500千円×5年－5,000,000千円)÷5年}{5,000,000千円÷2}$×100＝14.7％ ⇨ **15%**

（小数点第1位を四捨五入）

問4　正味現在価値の計算

正味現在価値：1,367,500千円×3.7907－5,000,000千円＝183,782.25千円 ⇨ **183,782千円**

（千円未満を切り捨て）

問5　割引回収期間の計算

問題の指示で「問2において」とあるので、貨幣の時間価値を考慮した平均現金流入額を用いて計算する。

割引回収期間：$\frac{5,000,000千円}{1,367,500千円×3.7907÷5年}$＝4.822…年 ⇨ **4.8年**（小数点第2位を四捨五入）

参考までに、貨幣の時間価値を考慮したキャッシュ・フローの累積額を使用して割引回収期間を計算すれば、次のとおりである。

1年度末：△5,000,000　千円＋1,367,500千円×0.9091（1,243,194.25千円）＝△3,756,805.75千円 … 未回収

2年度末：△3,756,805.75千円＋1,367,500千円×0.8264（1,130,102千円）＝△2,626,703.75千円 … 未回収

3年度末：△2,626,703.75千円＋1,367,500千円×0.7513（1,027,402.75千円）＝△1,599,301　千円 … 未回収

4年度末：△1,599,301　千円＋1,367,500千円×0.6830（934,002.5千円）＝　△665,298.5 千円 … 未回収

5年度末：　△665,298.5 千円＋1,367,500千円×0.6209（849,080.75千円）＝　＋183,782.25千円 … 回収済

割引回収期間：4年＋$\frac{665,298.5千円（4年度末の未回収額）}{849,080.75千円（5年度における回収額）}$＝4.783…年 ⇨ 4.8年

（小数点第2位を四捨五入）

第5問 ● 総合問題

問1　車両費予定配賦率の計算

1．車両個別費の合計

資料6(1)①(a)より、車両個別費を集計すれば、次のとおりである。

車両F：125,000円＋68,000円＋101,000円＋35,690円＝329,690円

車両G：139,000円＋72,000円＋123,000円＋44,810円＝378,810円

2．車両共通費の配賦

資料6(1)①(b)(c)より、車両共通費を各車両に配賦する。

(1)　油脂関係費（配賦基準：予定走行距離）

車両F：183,000円×$\frac{680km}{680km＋820km}$＝82,960円

車両G：183,000円×$\frac{820km}{680km＋820km}$＝100,040円

(2)　消耗品費（配賦基準：車両重量×台数）

車両F：126,000円×$\frac{16t}{16t＋12t}$＝72,000円

車両G：126,000円×$\frac{12t}{16t＋12t}$＝54,000円

(3) 福利厚生費（配賦基準：運転者人員）

車両F：$97{,}300円\times\frac{3人}{3人+4人}=41{,}700円$

車両G：$97{,}300円\times\frac{4人}{3人+4人}=55{,}600円$

(4) 雑費（配賦基準：減価償却費）

車両F：$66{,}000円\times\frac{125{,}000円}{125{,}000円+139{,}000円}=31{,}250円$

車両G：$66{,}000円\times\frac{139{,}000円}{125{,}000円+139{,}000円}=34{,}750円$

(5) 車両共通費の各車両の合計

車両F： 82,960円＋72,000円＋41,700円＋31,250円＝227,910円

車両G：100,040円＋54,000円＋55,600円＋34,750円＝244,390円

3．走行距離1㎞当たり車両費予定配賦率の計算

車両個別費と車両共通費の合計額を予定走行距離で割って、走行距離1㎞当たり車両費予定配賦率を計算する。

車両F：(329,690円＋227,910円)÷680㎞＝**820円/㎞**

車両G：(378,810円＋244,390円)÷820㎞＝**760円/㎞**

問2 工事原価計算表の作成

1．材料費

(1) A材料費（仮設工事用の資材）

資料3(1)より、すくい出し法により処理するため、仮設工事完了時評価額を当月投入額から控除する。なお、781工事については、月初未成工事原価の285,610円（資料2）から12,600円を控除する。

781工事：0円

782工事：37,680円－12,660円＝25,020円

783工事：41,390円－25,470円＝15,920円

784工事：38,200円

(2) B材料費（工事引当材料）

資料3(2)より、各材料の引当購入額（送り状価格）に、材料副費3％を加算して計算する。

781工事： 67,000円×(1＋0.03)＝ 69,010円

782工事：140,000円×(1＋0.03)＝144,200円

783工事：147,000円×(1＋0.03)＝151,410円

784工事：199,000円×(1＋0.03)＝204,970円

2．労務費

資料4より、予定賃率（@2,600円）を各工事の実際作業時間（C労務作業時間）に掛けて計算する。なお、解答用紙の工事原価計算表に「うち労務外注費」とあるため、資料5の労務外注費（E工事）との合計額を労務費の金額として解答したうえで、労務外注費を内書きする。

781工事：@2,600円×20時間＋24,100円＝ 76,100円

782工事：@2,600円×33時間＋58,310円＝144,110円

783工事：@2,600円×38時間＋48,210円＝147,010円

784工事：@2,600円×34時間＋28,450円＝116,850円

3．外注費

資料５のＤ工事（一般外注）をそのまま集計する。

4．経　費

⑴　車両部門費

問１で求めた車両費予定配賦率（Ｆ車両@820円、Ｇ車両@760円）に、資料６⑴②の現場別車両使用実績（走行距離）を掛けて計算する。

781工事：@820円×１km＋@760円×５km＝ 4,620円
782工事：@820円×11km＋@760円×17km＝21,940円
783工事：@820円×25km＋@760円×23km＝37,980円
784工事：@820円×20km＋@760円×23km＝33,880円

⑵　重機械部門費

資料６⑵より、変動予算方式により予定配賦率を算定し、その予定配賦率に各工事のＣ労務作業時間（資料４）を掛けて計算する。

予定配賦率：$\frac{56,550円}{130時間}$（＝固定費率@435円）＋変動費率@216円＝@651円

781工事：@651円×20時間＝13,020円
782工事：@651円×33時間＝21,483円
783工事：@651円×38時間＝24,738円
784工事：@651円×34時間＝22,134円

⑶　その他の工事経費（出張所経費）

資料６⑶より、出張所経費の当月発生額を配賦係数の合計で割って配賦率を算定し、その配賦率に各工事の配賦係数を掛けて計算する。

配賦率：98,600円÷170時間＝@580円
781工事：@580円×25時間＝14,500円
782工事：@580円×50時間＝29,000円
783工事：@580円×60時間＝34,800円
784工事：@580円×35時間＝20,300円

工事原価計算表

20×7年7月　　　　　　　　　　　　　　　　　　　　　　（単位：円）

工事番号	781	782	783	784	合　計
月初未成工事原価	273,010※	142,280	——	——	415,290
当月発生工事原価					
1．材料費					
(1)A仮設資材費	0	25,020	15,920	38,200	79,140
(2)B引当材料費	69,010	144,200	151,410	204,970	569,590
〔材料費計〕	69,010	169,220	167,330	243,170	648,730
2．労務費	76,100	144,110	147,010	116,850	484,070
（うち労務外注費）	(24,100)	(58,310)	(48,210)	(28,450)	(159,070)
3．外注費	47,109	69,880	195,200	111,900	424,089
4．経　費					
(1)車両部門費	4,620	21,940	37,980	33,880	98,420
(2)重機械部門費	13,020	21,483	24,738	22,134	81,375
(3)出張所経費配賦額	14,500	29,000	34,800	20,300	98,600
〔経　費　計〕	32,140	72,423	97,518	76,314	278,395
当月完成工事原価	497,369	597,913	607,058	——	1,702,340
月末未成工事原価	——	——	——	548,234	548,234

※　資料3(1)より、781工事の月初未成工事原価（285,610円）からA材料の仮設工事完了時評価額（12,600円）を控除する。

問3　原価差異の当月発生額

(1)　材料副費配賦差異（資料3(2)より）

553,000円×3％－14,480円＝(+)**2,110円**（有利差異：A）

（553,000円×3％：予定 16,590円、14,480円：実際）

(2)　労務費賃率差異（資料4より）

@2,600円×125時間－333,300円＝(−)**8,300円**（不利差異：B）

（@2,600円×125時間：予定 325,000円、333,300円：実際）

(3)　重機械部門費操業度差異（資料6(2)より）

@435円×(125時間－130時間)＝(−)**2,175円**（不利差異：B）

（@435円：固定費率、125時間：実際、130時間：基準）

〈参考文献〉

「建設業会計概説　1級　原価計算」(編集・発行：財団法人建設業振興基金)

よくわかる簿記シリーズ

合格するための過去問題集　建設業経理士1級　原価計算　第6版

2008年12月10日　初　版　第1刷発行
2024年8月30日　第6版　第2刷発行

編著者　TAC株式会社
(建設業経理士検定講座)
発行者　多田敏男
発行所　TAC株式会社　出版事業部
(TAC出版)

〒101-8383
東京都千代田区神田三崎町3-2-18
電話 03(5276)9492(営業)
FAX 03(5276)9674
https://shuppan.tac-school.co.jp

印刷　株式会社ワコー
製本　東京美術紙工協業組合

ISBN 978-4-300-10587-0
N.D.C. 336

合格カリキュラム　ご自身のレベルに合わせて無理なく学習！

1級受験対策コース ▶ 財務諸表　財務分析　原価計算

1級総合本科生　対象　日商簿記2級・建設業2級修了者、日商簿記1級修了者

財務諸表		財務分析		原価計算	
財務諸表本科生		財務分析本科生		原価計算本科生	
財務諸表講義	財務諸表的中答練	財務分析講義	財務分析的中答練	原価計算講義	原価計算的中答練

※上記の他、1級的中答練セットもございます。

2級受験対策コース

2級本科生（日商3級講義付）　対象　初学者（簿記知識がゼロの方）

日商簿記3級講義	2級講義	2級的中答練

2級本科生　対象　日商簿記3級・建設業3級修了者

2級講義	2級的中答練

日商2級修了者用2級セット　対象　日商簿記2級修了者

日商2級修了者用2級講義	2級的中答練

※上記の他、単科申込みのコースもございます。※上記コース内容は予告なく変更される場合がございます。あらかじめご了承ください。

合格カリキュラムの詳細は、TACホームページをご覧になるか、パンフレットにてご確認ください。

安心のフォロー制度　充実のバックアップ体制で、学習を強力サポート！

＝Web・DVD・資料通信講座でのフォロー制度です。

1. 受講のしやすさを考えた制度

随時入学

“始めたい時が開講日”。視聴開始日・送付開始日以降ならいつでも受講を開始できます。

2. 困った時、わからない時のフォロー

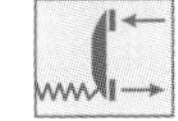

質問電話

講師とのコミュニケーションツール。疑問点・不明点は、質問電話ですぐに解決しましょう。

質問カード

講師と接する機会の少ない通信受講生も、質問カードを利用すればいつでも疑問点・不明点を講師に質問し、解決できます。また、実際に質問事項を書くことによって、理解も深まります（利用回数：10回）。

質問メール

受講生専用のWebサイト「マイページ」より質問メール機能がご利用いただけます（利用回数：10回）。

※質問カード、メールの使用回数の上限は合算で10回までとなります。

3. その他の特典

再受講割引制度

過去に、本科生（1級各科目本科生含む）を受講されたことのある方が、同一コースをもう一度受講される場合には再受講割引受講料でお申込みいただけます。

※以前受講されていた時の会員証をご提示いただき、お手続きをしてください。

※テキスト・問題集はお渡ししておりませんのでお手持ちのテキスト等をご使用ください。テキスト等のver.変更があった場合は、別途お買い求めください。

TAC出版 書籍のご案内

TAC出版では、資格の学校TAC各講座の定評ある執筆陣による資格試験の参考書をはじめ、資格取得者の開業法や仕事術、実務書、ビジネス書、一般書などを発行しています！

TAC出版の書籍

＊一部書籍は、早稲田経営出版のブランドにて刊行しております。

資格・検定試験の受験対策書籍

- 日商簿記検定
- 建設業経理士
- 全経簿記上級
- 税　理　士
- 公認会計士
- 社会保険労務士
- 中小企業診断士
- 証券アナリスト
- ファイナンシャルプランナー(FP)
- 証券外務員
- 貸金業務取扱主任者
- 不動産鑑定士
- 宅地建物取引士
- 賃貸不動産経営管理士
- マンション管理士
- 管理業務主任者
- 司法書士
- 行政書士
- 司法試験
- 弁理士
- 公務員試験(大卒程度・高卒者)
- 情報処理試験
- 介護福祉士
- ケアマネジャー
- 電験三種　ほか

実務書・ビジネス書

- 会計実務、税法、税務、経理
- 総務、労務、人事
- ビジネススキル、マナー、就職、自己啓発
- 資格取得者の開業法、仕事術、営業術

一般書・エンタメ書

- ファッション
- エッセイ、レシピ
- スポーツ
- 旅行ガイド（おとな旅プレミアム/旅コン）

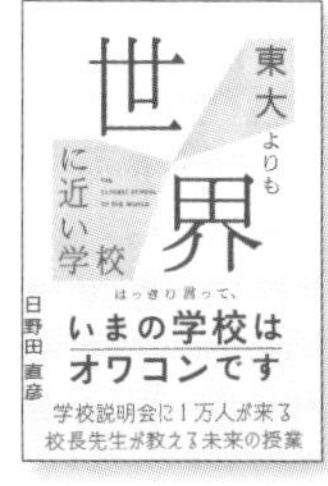

(2024年2月現在)

書籍のご購入は

1 全国の書店、大学生協、ネット書店で

2 TAC各校の書籍コーナーで

資格の学校TACの校舎は全国に展開!
校舎のご確認はホームページにて

資格の学校TAC ホームページ
https://www.tac-school.co.jp

3 TAC出版書籍販売サイトで

TAC 出版 で 検索

https://bookstore.tac-school.co.jp/

新刊情報をいち早くチェック!

たっぷり読める立ち読み機能

学習お役立ちの特設ページも充実!

TAC出版書籍販売サイト「サイバーブックストア」では、TAC出版および早稲田経営出版から刊行されている、すべての最新書籍をお取り扱いしています。
また、会員登録(無料)をしていただくことで、会員様限定キャンペーンのほか、送料無料サービス、メールマガジン配信サービス、マイページのご利用など、うれしい特典がたくさん受けられます。

サイバーブックストア会員は、特典がいっぱい! (一部抜粋)

通常、1万円(税込)未満のご注文につきましては、送料・手数料として500円(全国一律・税込)頂戴しておりますが、1冊から無料となります。

専用の「マイページ」は、「購入履歴・配送状況の確認」のほか、「ほしいものリスト」や「マイフォルダ」など、便利な機能が満載です。

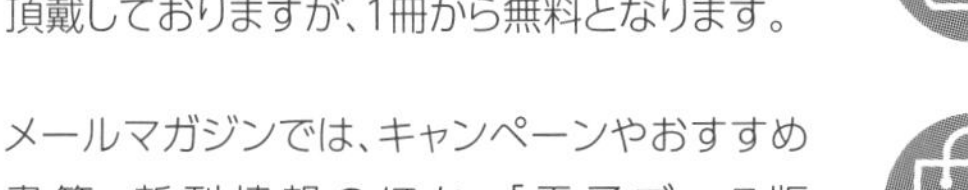

メールマガジンでは、キャンペーンやおすすめ書籍、新刊情報のほか、「電子ブック版TACNEWS(ダイジェスト版)」をお届けします。

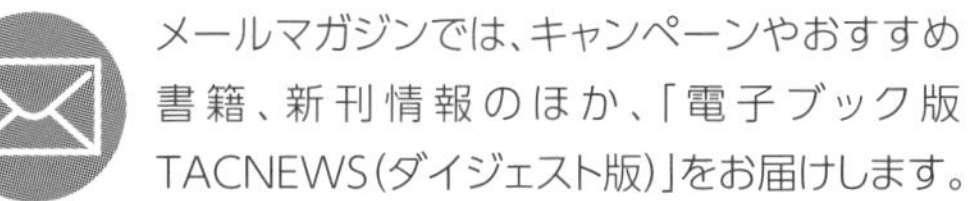

書籍の発売を、販売開始当日にメールにてお知らせします。これなら買い忘れの心配もありません。

書籍の正誤に関するご確認とお問合せについて

書籍の記載内容に誤りではないかと思われる箇所がございましたら、以下の手順にてご確認とお問合せをしてくださいますよう、お願い申し上げます。
なお、正誤のお問合せ以外の**書籍内容に関する解説および受験指導などは、一切行っておりません。**
そのようなお問合せにつきましては、お答えいたしかねますので、あらかじめご了承ください。

1 「Cyber Book Store」にて正誤表を確認する

TAC出版書籍販売サイト「Cyber Book Store」の
トップページ内「正誤表」コーナーにて、正誤表をご確認ください。

CYBER BOOK STORE TAC出版書籍販売サイト

URL:https://bookstore.tac-school.co.jp/

2 1の正誤表がない、あるいは正誤表に該当箇所の記載がない ⇒ 下記①、②のどちらかの方法で文書にて問合せをする

★ご注意ください★

お電話でのお問合せは、お受けいたしません。
①、②のどちらの方法でも、お問合せの際には、「お名前」とともに、
「対象の書籍名(○級・第○回対策も含む)およびその版数(第○版・○○年度版など)」
「お問合せ該当箇所の頁数と行数」
「誤りと思われる記載」
「正しいとお考えになる記載とその根拠」
を明記してください。
なお、回答までに1週間前後を要する場合もございます。あらかじめご了承ください。

① ウェブページ「Cyber Book Store」内の「お問合せフォーム」より問合せをする

【お問合せフォームアドレス】

https://bookstore.tac-school.co.jp/inquiry/

② メールにより問合せをする

【メール宛先　TAC出版】

syuppan-h@tac-school.co.jp

※土日祝日はお問合せ対応をおこなっておりません。
※正誤のお問合せ対応は、該当書籍の改訂版刊行月末日までといたします。

乱丁・落丁による交換は、該当書籍の改訂版刊行月末日までといたします。なお、書籍の在庫状況等により、お受けできない場合もございます。
また、各種本試験の実施の延期、中止を理由とした本書の返品はお受けいたしません。返金もいたしかねますので、あらかじめご了承くださいますようお願い申し上げます。

(2022年7月現在)

解答用紙

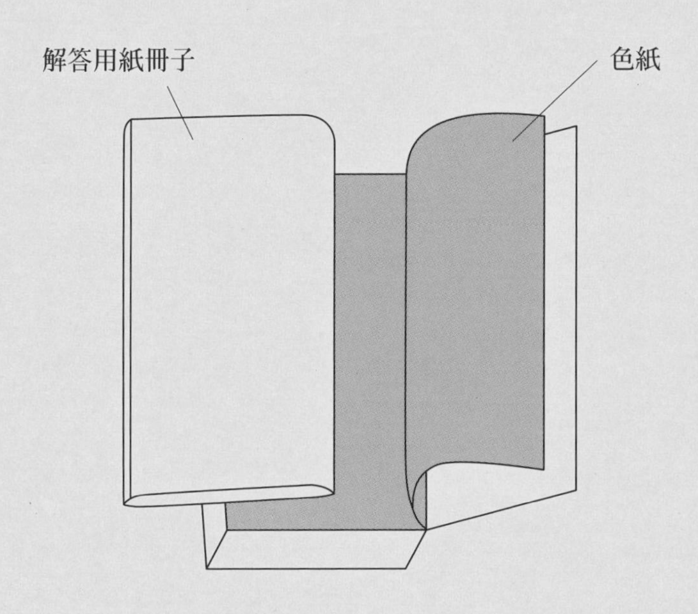

〈解答用紙ご利用時の注意〉

以下の「解答用紙」は，この色紙を残したまま ていねいに抜き取り，ご利用ください。

また，抜取りの際の損傷についてのお取替えはご遠慮願います。

解答用紙はダウンロードもご利用いただけます。

TAC出版書籍販売サイト・サイバーブックストアにアクセスしてください。

https://bookstore.tac-school.co.jp/

別冊

解答用紙

第23回 解答用紙

第1問 20点　解答にあたっては、それぞれ250字以内（句読点を含む）で記入すること。

問1　10　20　25

5

10

問2　10　20　25

5

10

第2問　10点

記号
（AまたはB）

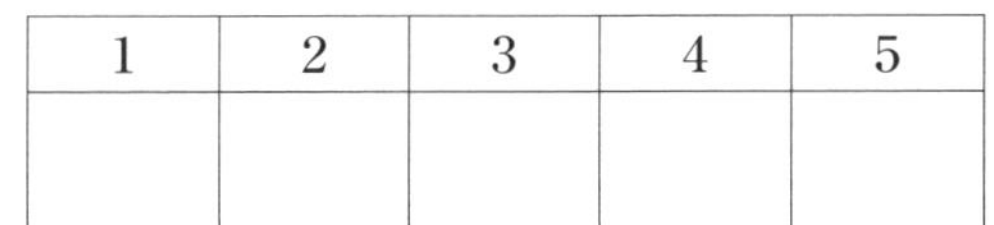

1	2	3	4	5

第3問　14点

問1

運転1時間当たり損料　¥

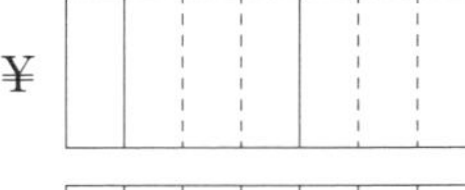

供用1日当たり損料　¥

問2

甲現場への配賦額　¥

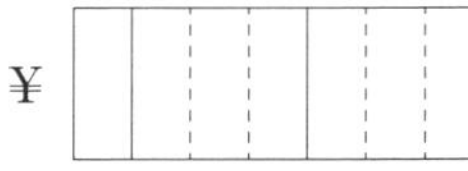

乙現場への配賦額　¥

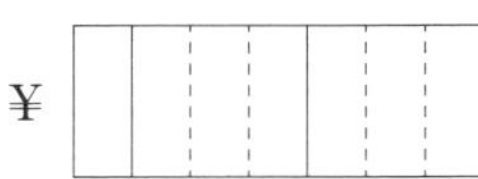

問3

¥　　記号（AまたはB）

第4問　16点

問1

(1)　¥

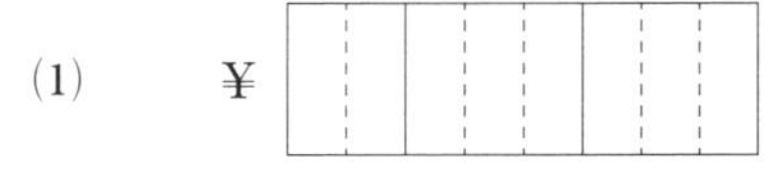

(2)　¥

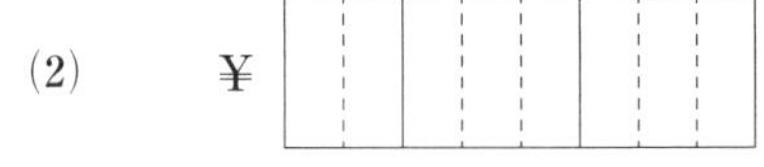

(3)　¥

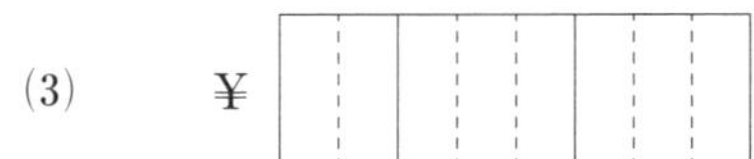

問2

¥

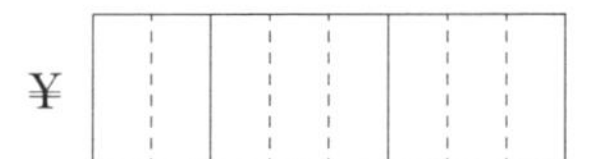

第5問 40点

問1

完成工事原価報告書		
自　平成×8年9月1日		
至　平成×8年9月30日		
鹿児島建設工業株式会社		
(単位：円)		
Ⅰ．材料費		
Ⅱ．労務費		
(うち労務外注費		)
Ⅲ．外注費		
Ⅳ．経　費		
(うち人件費		)
完成工事原価		

問2

¥

問3

①　賃率差異	¥	記号（AまたはB）	
②　重機械部門費予算差異	¥	記号（　同　上　）	
③　重機械部門費操業度差異	¥	記号（　同　上　）	

第24回 解答用紙

問題 8
解答 78

第1問 20点

解答にあたっては、各問とも指定した字数以内（句読点を含む）で記入すること。

問1

10 20 25

5

10

問2

10 20 25

5

10

第2問 10点

記号（ア～シ）	1	2	3	4	5

第3問 14点

問1

大型クレーンの取得価額

問2

A工事現場への当月配賦額

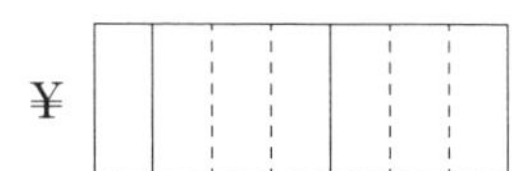

問3

当月の損料差異

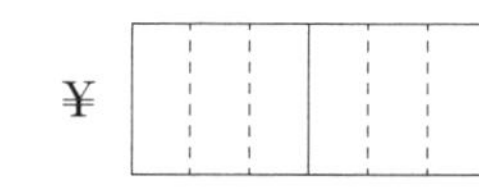

記号（XまたはY）

第4問 16点

問1

第1年度

第2年度

第3年度

第4年度

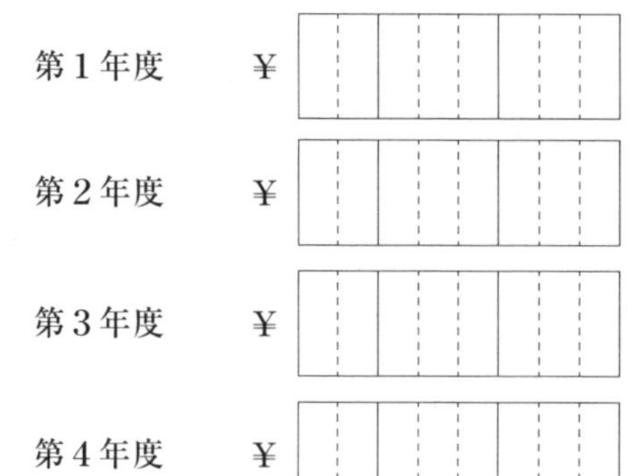

問2

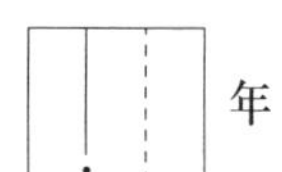

問3

記号（AまたはB）

第5問 40点

問1

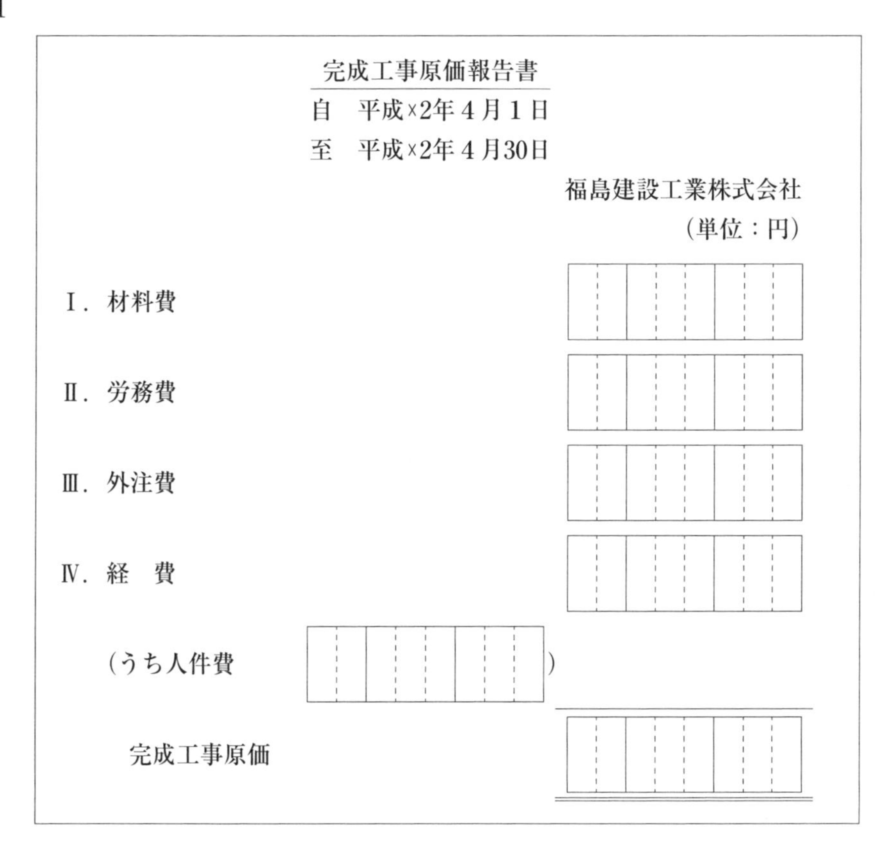

完成工事原価報告書
自　平成×2年4月1日
至　平成×2年4月30日
福島建設工業株式会社
（単位：円）

Ⅰ．材料費	
Ⅱ．労務費	
Ⅲ．外注費	
Ⅳ．経　費	
（うち人件費　　）	
完成工事原価	

問2

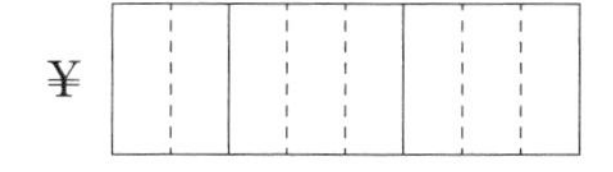

¥

問3

①	材料副費配賦差異	¥	記号（XまたはY）	
②	重機械部門費予算差異	¥	記号（　同　上　）	
③	重機械部門費操業度差異	¥	記号（　同　上　）	

第25回 解答用紙

問題 14
解答 88

第1問 20点

解答にあたっては、各問とも指定した字数以内（句読点を含む）で記入すること。

問1 （25字×8行）

問2 （25字×12行）

第2問　10点

記号（AまたはB）	1	2	3	4	5

第3問　14点

問1

工事番号101　¥

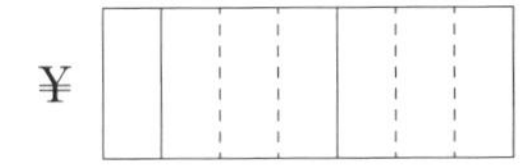

問2

工事番号102　¥

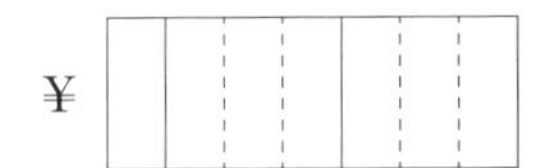

問3

請負工事利益総額　¥

第4問　16点

問1

¥　　記号（AまたはB）

問2

¥　　記号（ 同 上 ）

第5問 40点

問1

完成工事原価報告書
自　平成×1年9月1日
至　平成×1年9月30日

秋田建設工業株式会社
（単位：円）

Ⅰ．材料費		
Ⅱ．労務費		
Ⅲ．外注費		
Ⅳ．経　費		
（うち人件費	）	
完成工事原価		

問2

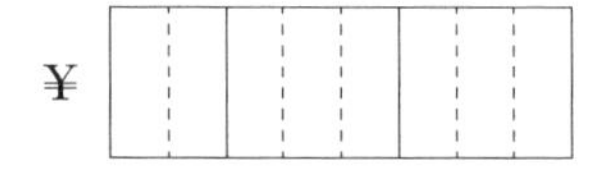

問3

① Q材料の副費配賦差異　¥　記号（AまたはB）

② 運搬車両部門費予算差異　¥　記号（　同　上　）

③ 運搬車両部門費操業度差異　¥　記号（　同　上　）

第26回 解答用紙

問題 20
解答 98

第1問 20点　解答にあたっては、各問とも指定した字数以内（句読点を含む）で記入すること。

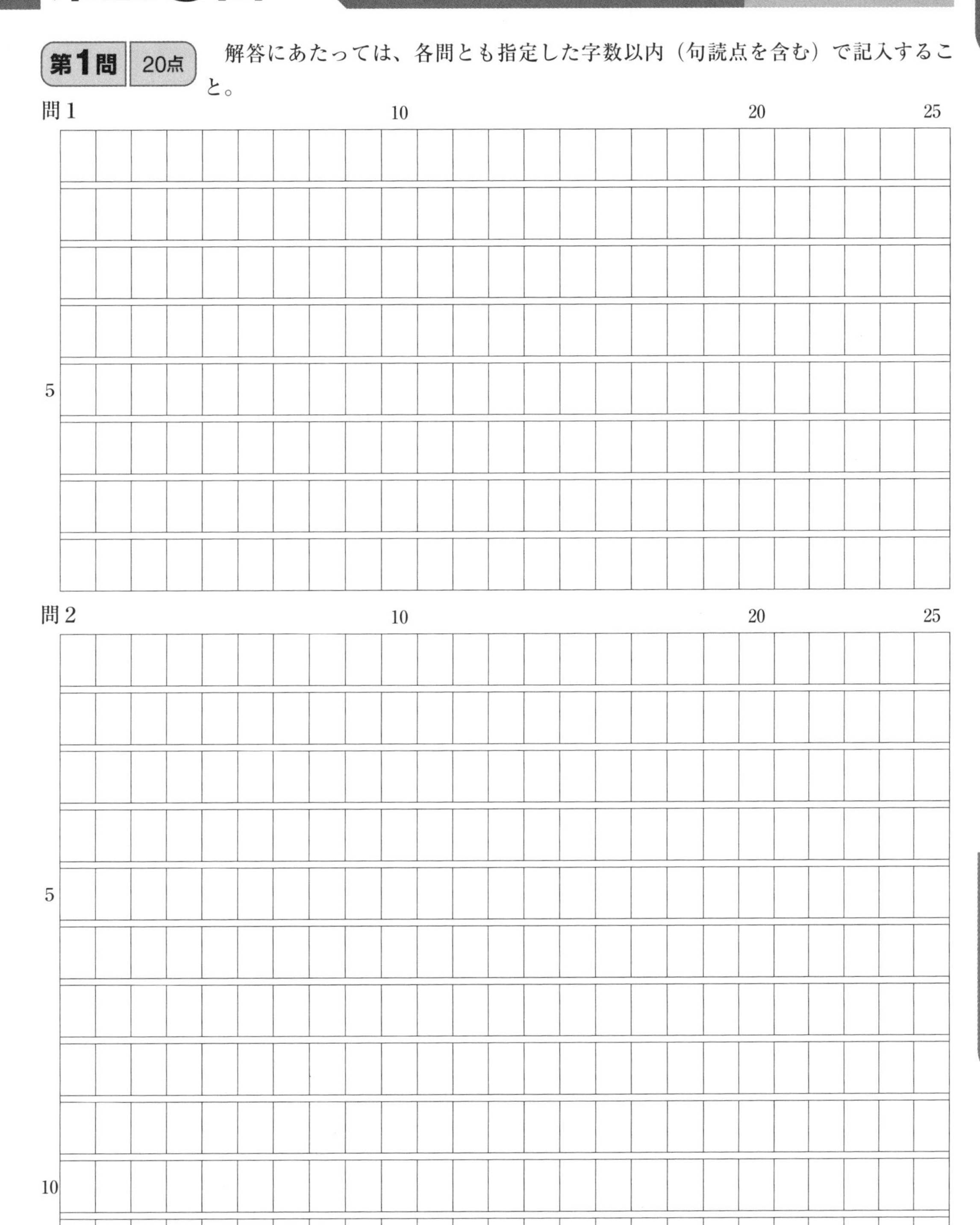

第2問　10点

記号（ア～チ）

1	2	3	4	5	6	7	8

第3問　18点

問1

予定配賦額　¥

予算差異　¥　　記号（AまたはB）

操業度差異　¥　　記号（　同　上　）

問2

予定配賦額　¥

予算差異　¥　　記号（AまたはB）

操業度差異　¥　　記号（　同　上　）

問3

予定配賦額　¥

予算差異　¥　　記号（AまたはB）

操業度差異　¥　　記号（　同　上　）

問 1

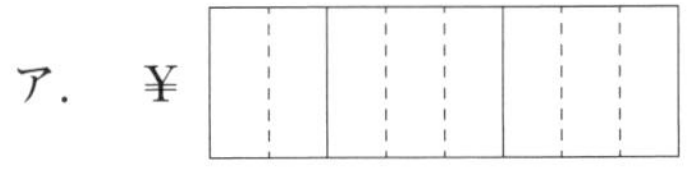

イ. ¥

ウ. ¥

エ. ¥

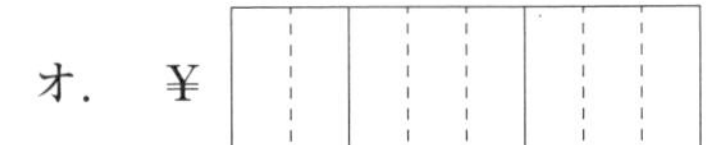

カ. ¥

問 2

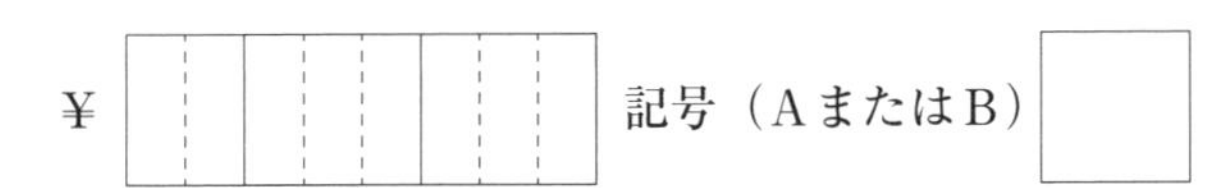

第5問 34点

問1

完成工事原価報告書

自　20×7年6月1日

至　20×7年6月30日

別府建設工業株式会社

（単位：円）

Ⅰ．材料費		
Ⅱ．労務費		
（うち労務外注費	）	
Ⅲ．外注費		
Ⅳ．経　費		
（うち人件費	）	
完成工事原価		

問2

¥

問3

① 重機械部門費予算差異　¥　　記号（AまたはB）

② 重機械部門費操業度差異　¥　　記号（　同　上　）

第27回 解答用紙

問題 26
解答 112

第1問 20点

解答にあたっては、それぞれ指定した字数以内（句読点を含む）で記入すること。

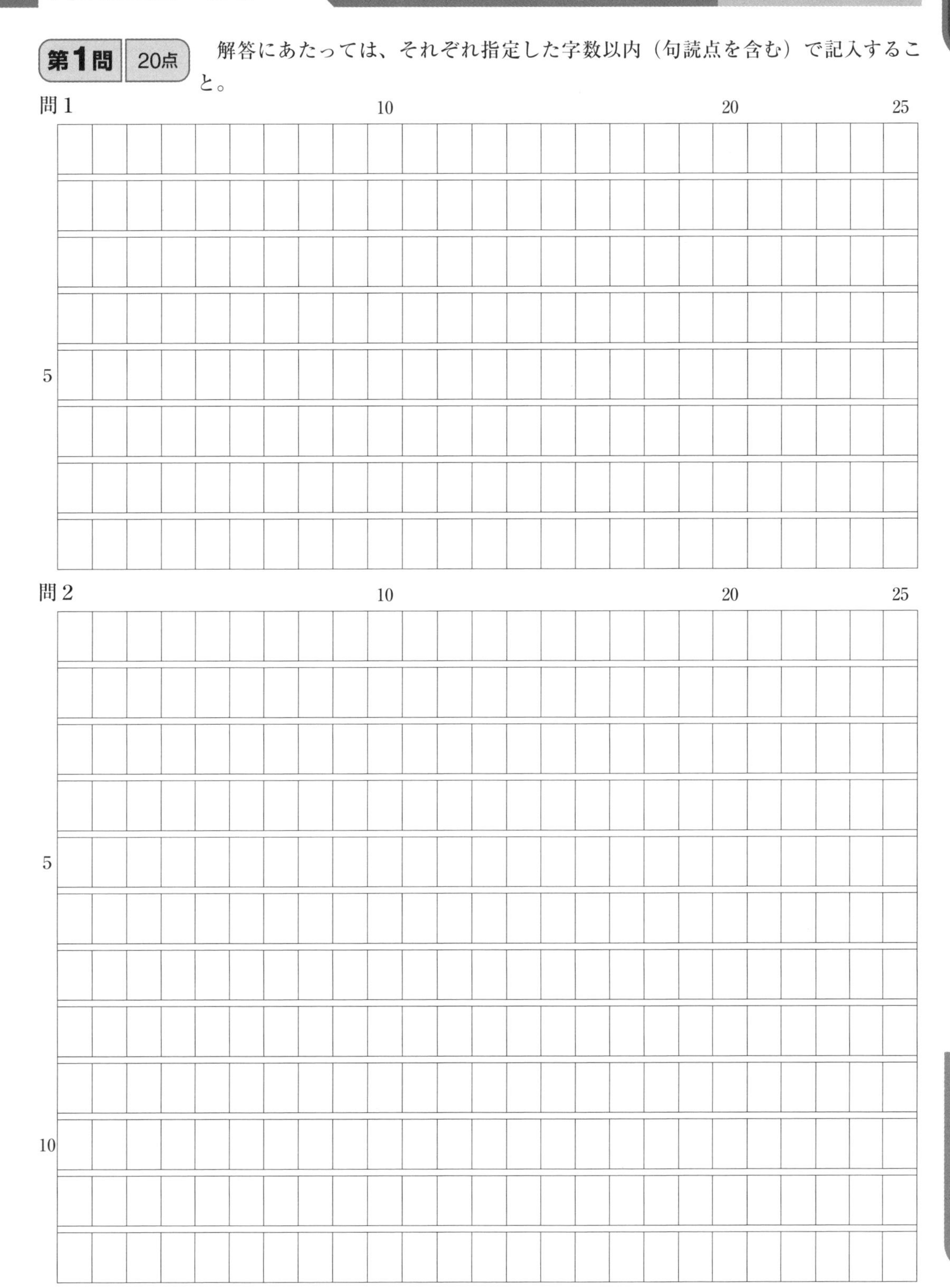

第2問　10点

記号（AまたはB）	1	2	3	4	5

第3問　14点

問1

甲工事現場への当月配賦額　¥

問2

当月の損料差異　¥　　記号（XまたはY）

第4問 18点

問1

甲製品

第１工程月末仕掛品原価　¥

第１工程当月完成品原価　¥

乙製品

第１工程月末仕掛品原価　¥

第１工程当月完成品原価　¥

問2

甲製品

第２工程月末仕掛品原価　¥

当月完成品原価　¥

乙製品

第２工程月末仕掛品原価　¥

当月完成品原価　¥

第5問 38点

問1

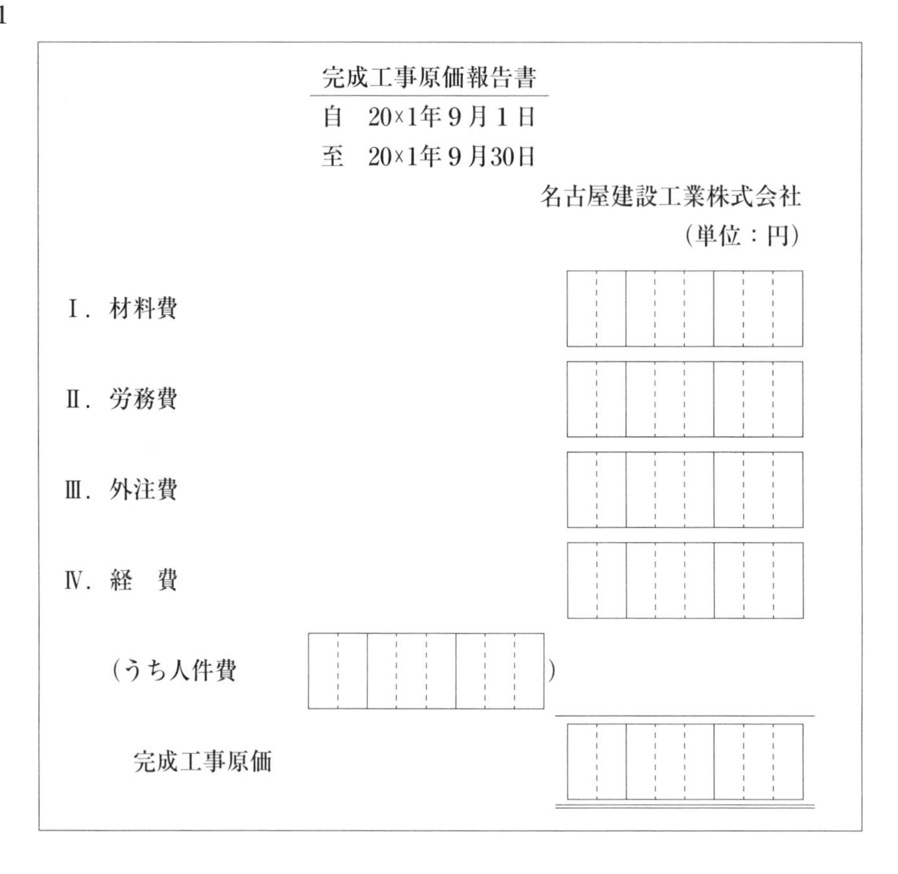

完成工事原価報告書
自　20×1年9月1日
至　20×1年9月30日
名古屋建設工業株式会社
（単位：円）

Ⅰ．材料費		
Ⅱ．労務費		
Ⅲ．外注費		
Ⅳ．経　費		
（うち人件費		）
完成工事原価		

問2

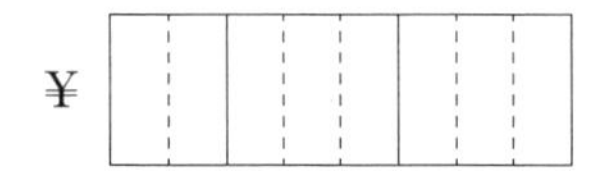

¥

問3

①　P材料消費価格差異	¥	記号（AまたはB）
②　運搬車両部門費予算差異	¥	記号（　同　上　）
③　運搬車両部門費操業度差異	¥	記号（　同　上　）

第28回 解答用紙

問題 32
解答 124

第1問 20点　解答にあたっては、それぞれ指定した字数以内（句読点を含む）で記入すること。

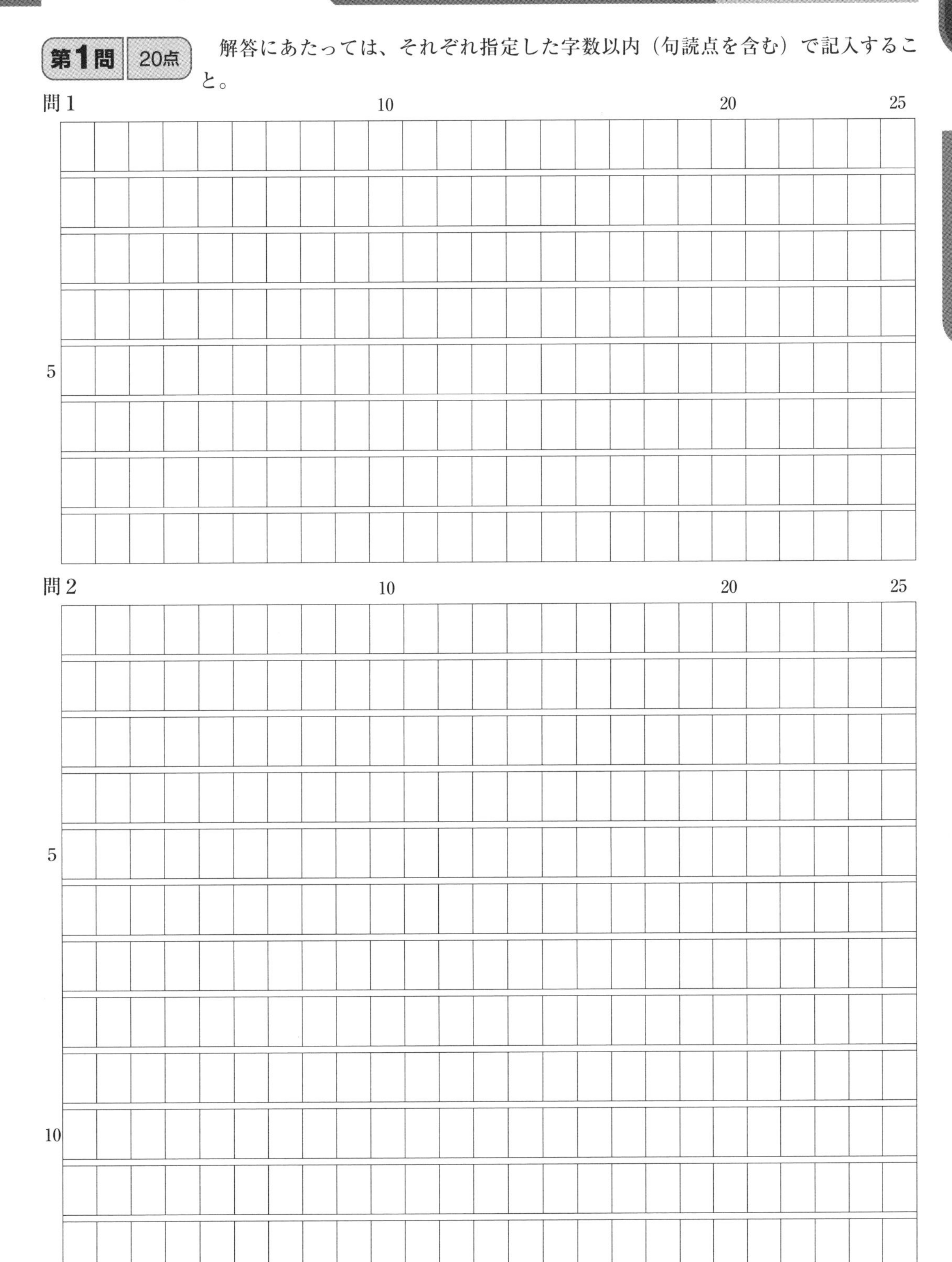

第2問 10点

記号（ア〜ナ）

1	2	3	4	5	6	7	8

第3問 12点

No. 403 現場　¥

No. 404 現場　¥

No. 405 現場　¥

No. 406 現場　¥

第4問 20点

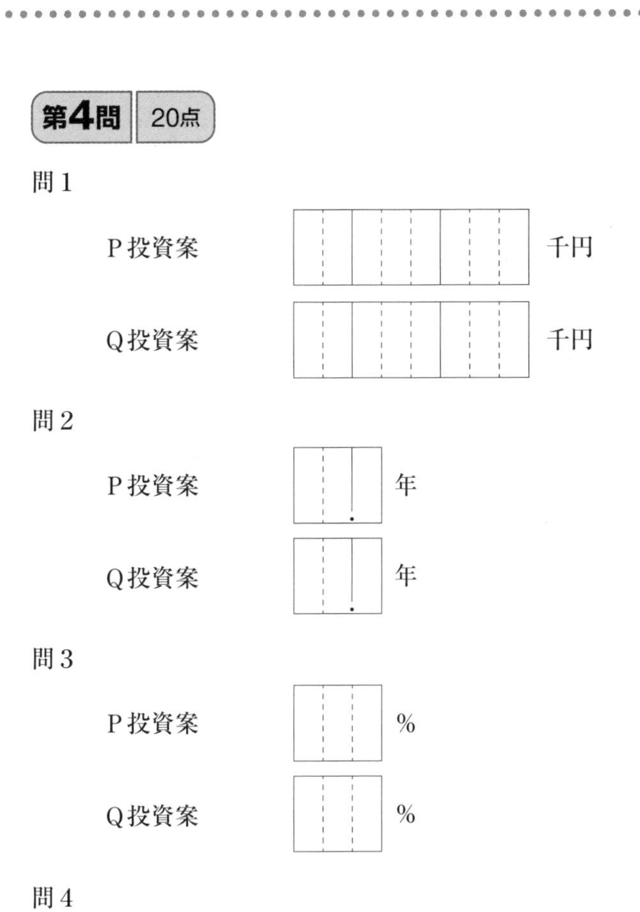

問1

P投資案 千円

Q投資案 千円

問2

P投資案 年

Q投資案 年

問3

P投資案 %

Q投資案 %

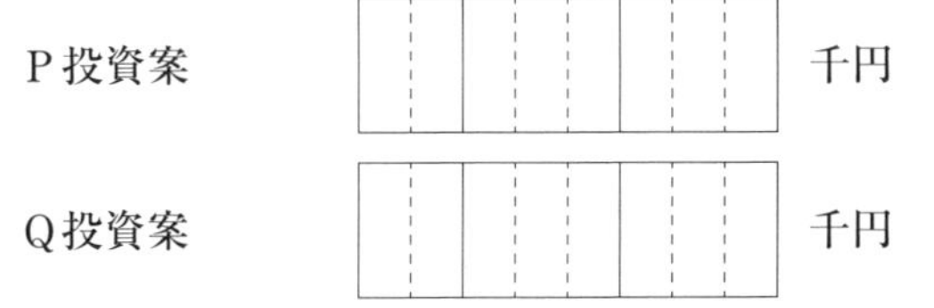

問4

P投資案 千円

Q投資案 千円

第5問 38点

問1

完成工事原価報告書
自　20×0年6月1日
至　20×0年6月30日

宮古建設工業株式会社
（単位：円）

Ⅰ．材料費		
Ⅱ．労務費		
（うち労務外注費	）	
Ⅲ．外注費		
Ⅳ．経　費		
（うち人件費	）	
完成工事原価		

問2

¥

問3

① 材料副費配賦差異	¥	記号（AまたはB）	
② 材料消費価格差異	¥	記号（　同　上　）	
③ 重機械部門費予算差異	¥	記号（　同　上　）	
④ 重機械部門費操業度差異	¥	記号（　同　上　）	

第29回 解答用紙

問題 40
解答 136

第1問 20点　解答にあたっては、それぞれ指定した字数以内（句読点を含む）で記入すること。

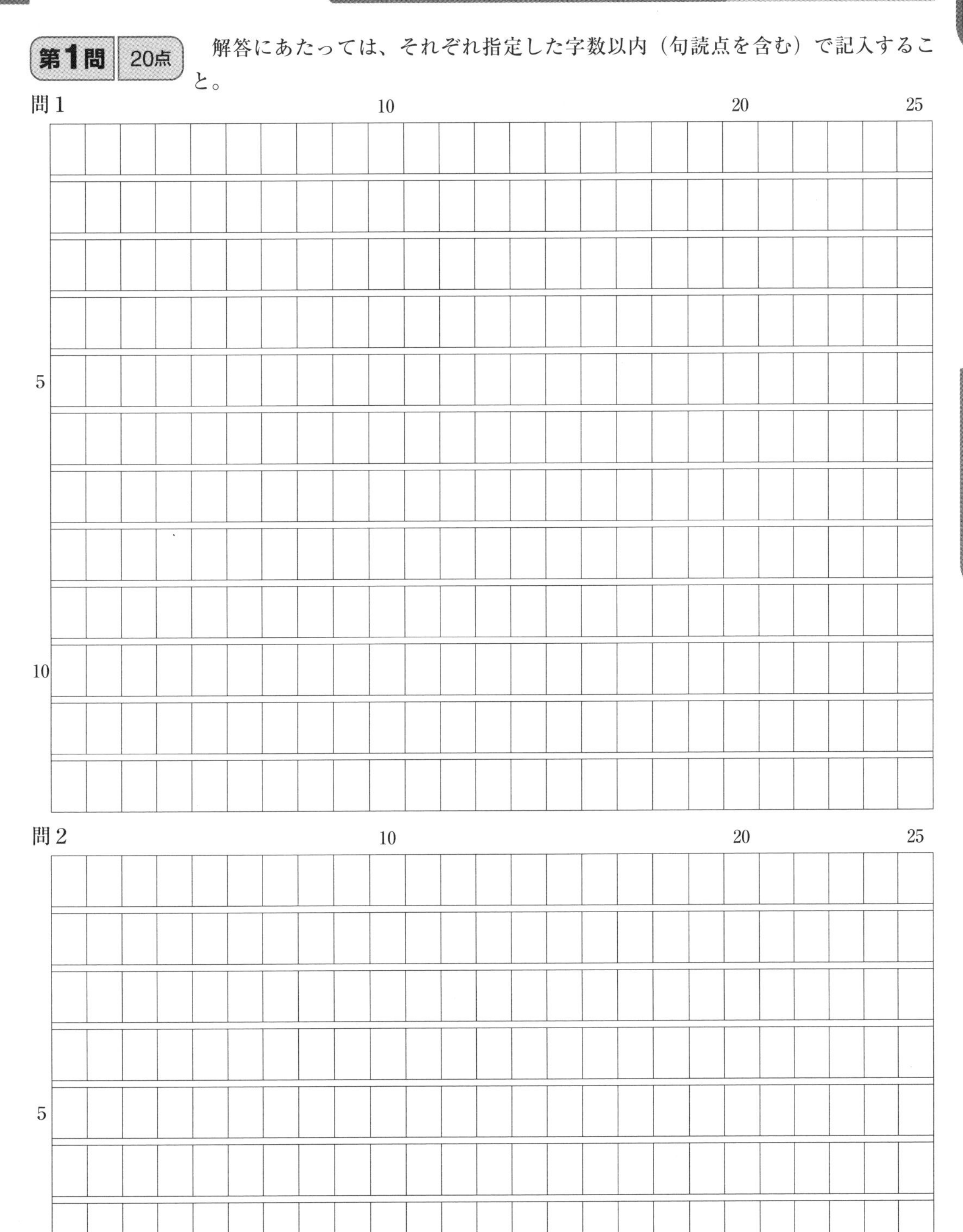

第2問　14点

記号（ア～ネ）

1	2	3	4	5	6	7

第3問　14点

問１

A車　　　円

B車　　　円

C車　　　円

財務の面で最も有利な車種：　　　車（A～Cのうち一つを記入）

問２

B車　　　円

第4問 16点

解答用紙

第29回

問1

#401		円
#402		円
#403		円

問2

	材料数量差異	賃率差異	作業時間差異
#401	(　) 円	(　) 円	(　) 円
#402	(　) 円	(　) 円	(　) 円
#403	(　) 円	(　) 円	(　) 円

予算差異	変動費能率差異	固定費能率差異	操業度差異
(　) 円	(　) 円	(　) 円	(　) 円

第5問 36点

問1

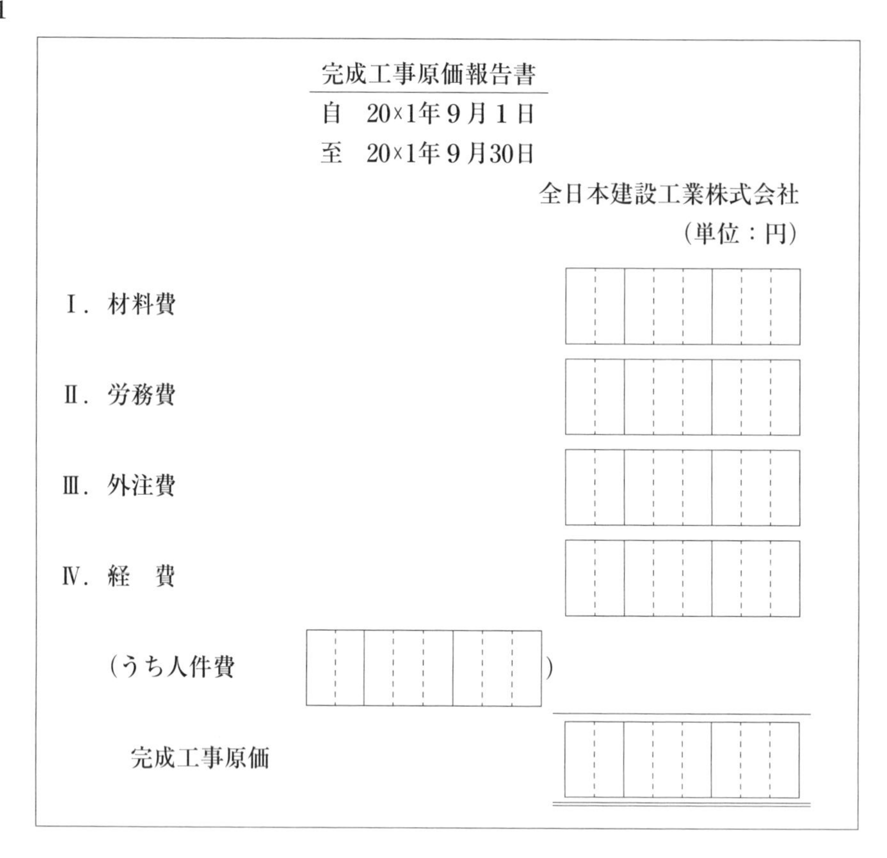

完成工事原価報告書
自　20×1年9月1日
至　20×1年9月30日
全日本建設工業株式会社
（単位：円）

Ⅰ．材料費

Ⅱ．労務費

Ⅲ．外注費

Ⅳ．経　費

（うち人件費　　　　）

完成工事原価

問2

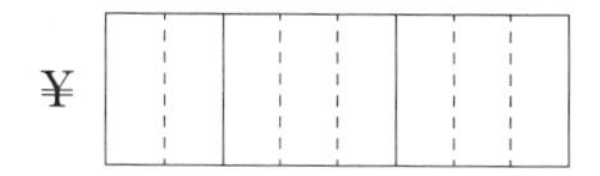

¥

問3

①　運搬車両部門費予算差異　　¥　　　　記号（AまたはB）

②　運搬車両部門費操業度差異　¥　　　　記号（　同　上　）

第30回 解答用紙

問題 46
解答 150

第1問 20点　解答にあたっては、各問とも指定した字数以内（句読点を含む）で記入すること。

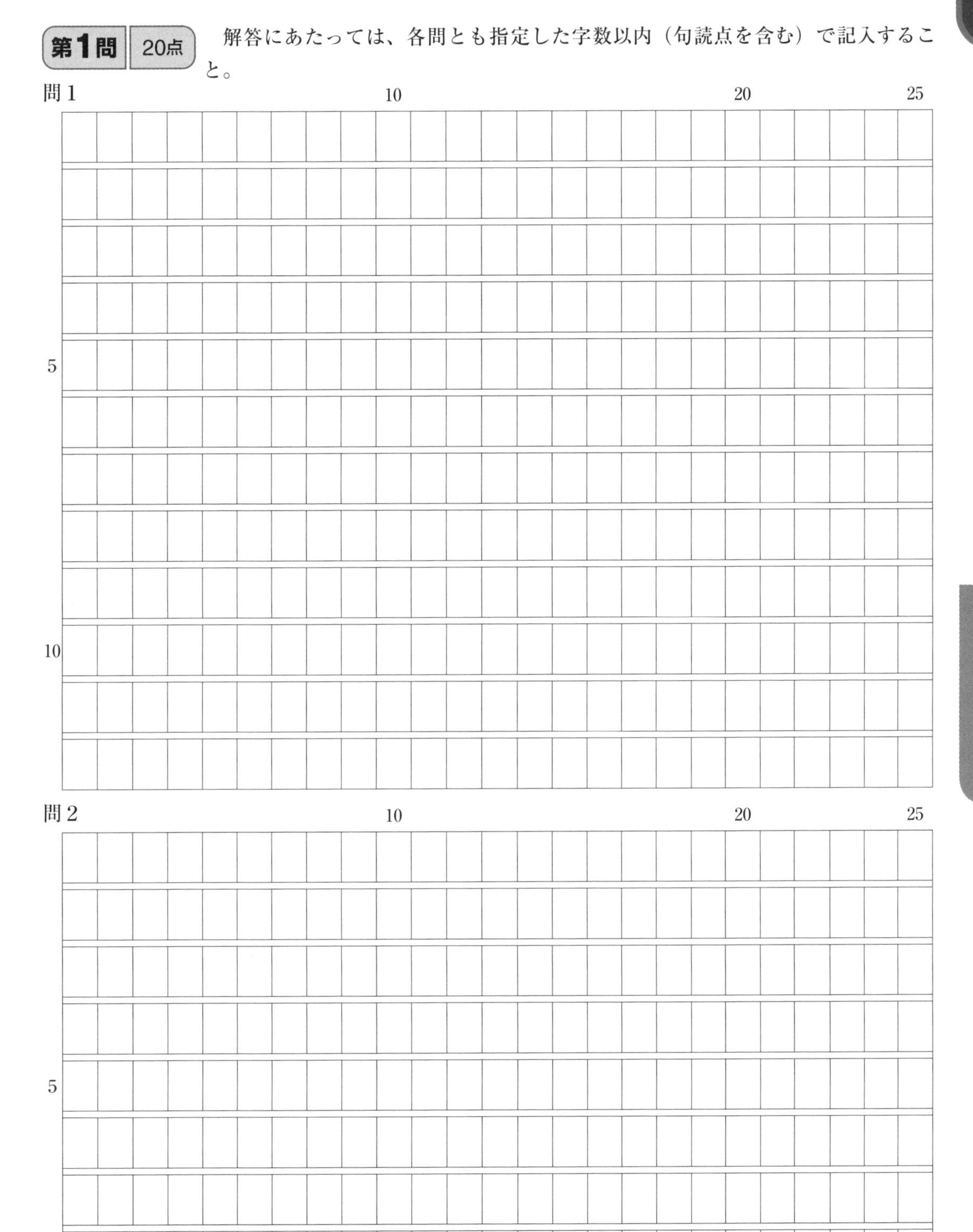

第2問 10点

記号（AまたはB）

1	2	3	4	5

第3問 20点

問1

補助部門費配賦表

（単位：円）

項目	施工部門		補助部門		
	第1部門	第2部門	（修繕部門）	（運搬部門）	（管理部門）
部門費合計					
補助部門費					
（管理部門費）					
（運搬部門費）					
（修繕部門費）					
合計					

問2

〔固定費〕

補助部門費配賦表

（単位：円）

項目	施工部門		補助部門		
	第1部門	第2部門	（運搬部門）	（修繕部門）	（管理部門）
部門費合計					
補助部門費					
（管理部門費）					
（修繕部門費）					
（運搬部門費）					
合計					

〔変動費〕

補助部門費配賦表

(単位：円)

項目	施工部門		補助部門		
	第1部門	第2部門	(修繕部門)	(運搬部門)	(管理部門)
部門費合計					
補助部門費					
(管理部門費)					
(運搬部門費)					
(修繕部門費)					
合　　計					

第4問　18点

問1

記号（ア～カ）

問2

記号（ア～キ）

問3

円　記号（XまたはY）

問4

円　記号（　同　上　）

問1

工事原価計算表

20×2年11月

（単位：円）

工事番号	506	507	508	509	合　計
月初未成工事原価			—	—	
当月発生工事原価					
1．材料費					
(1)A材料費	—				
(2)B材料費					
〔材料費計〕					
2．労務費					
3．外注費					
4．経費					
(1)直接経費	17,030	59,900	48,770	25,110	150,810
(2)重機械運搬費					
(3)その他経費					
〔経費計〕					
当月完成工事原価			—	—	
月末未成工事原価	—	—			

問2

¥

問3

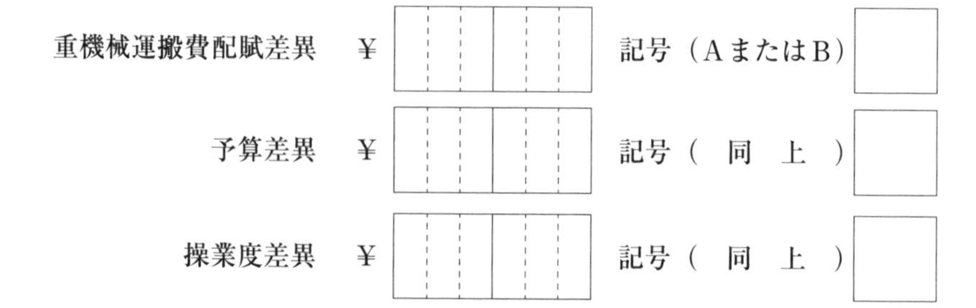

重機械運搬費配賦差異　¥　　記号（AまたはB）

予算差異　¥　　記号（　同　上　）

操業度差異　¥　　記号（　同　上　）

第31回 解答用紙

問題 52
解答 163

第1問 20点　解答にあたっては、各問とも指定した字数以内（句読点を含む）で記入すること。

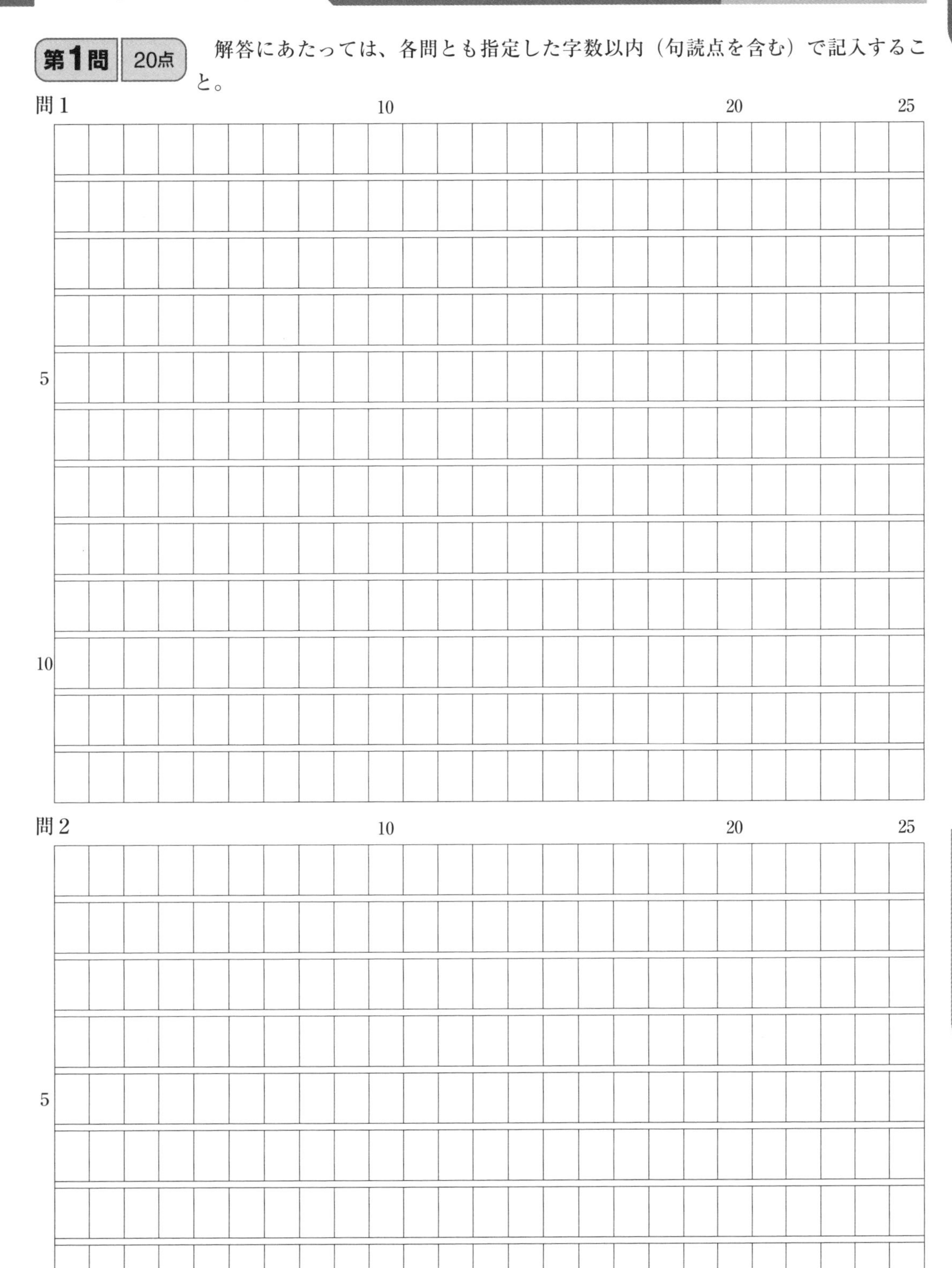

第2問　14点

記号（ア～ネ）

1	2	3	4	5	6	7	8

第3問　12点

問1

¥

問2

¥

問3

¥　　記号（AまたはB）

問1

(1) 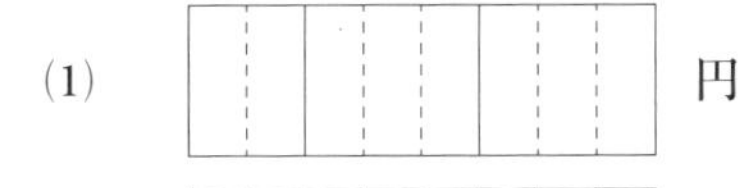 円

(2) 円

問2

(1) 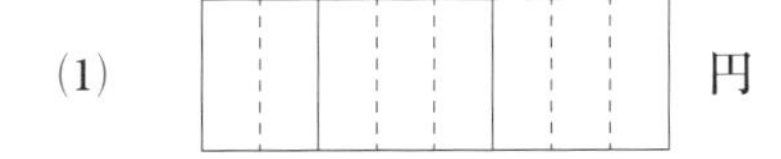 円

(2) 円

(3) 円

問3

(1) 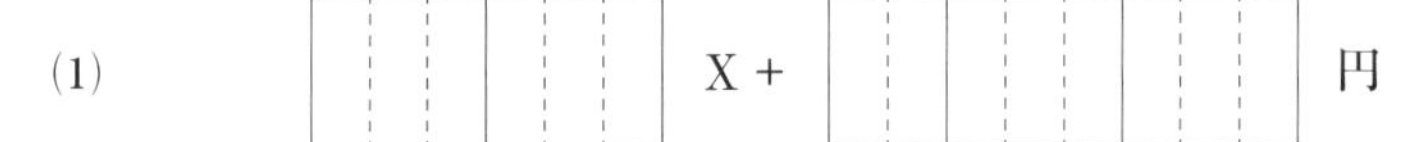

(2) X + 円

(3) 個以上

問4

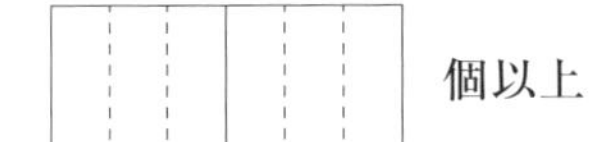 個以上

問5

(1) 個以上

(2) 記号（AまたはB）

第5問 34点

問1

完成工事原価報告書

自　20×8年10月1日

至　20×8年10月31日

X建設工業株式会社

（単位：円）

Ⅰ．材料費		
Ⅱ．労務費		
（うち労務外注費	）	
Ⅲ．外注費		
Ⅳ．経　費		
（うち人件費	）	
完成工事原価		

問2

¥

問3

① 重機械部門費予算差異　¥　記号（AまたはB）

② 重機械部門費操業度差異　¥　記号（　同　上　）

第32回 解答用紙

問題 58
解答 174

第1問 20点

解答にあたっては、各問とも指定した字数以内（句読点を含む）で記入すること。

問1

10 20 25

5

10

問2

10 20 25

5

10

第2問 10点

記号（ア～タ）

1	2	3	4	5

第3問 14点

問1

運転1時間当たり損料額 ¥

供用1日当たり損料額 ¥

問2

M現場への配賦額 ¥

N現場への配賦額 ¥

問3

¥ 記号（AまたはB）

問1

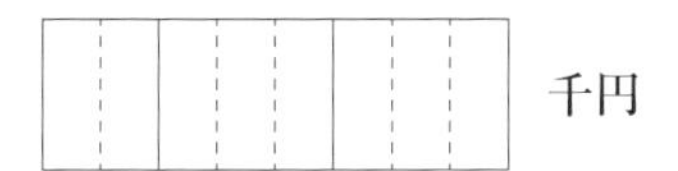

千円

問2

年

問3

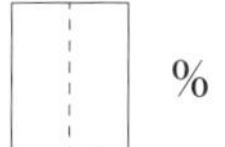

%

問4

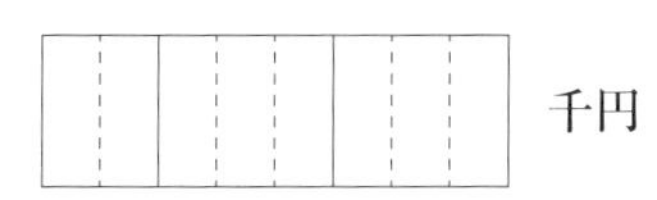

千円

問5

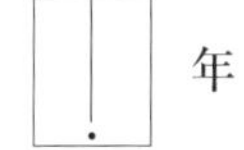

年

第5問 36点

問1　走行距離1km当たり車両費予定配賦率

車両F 　　　円/km

車両G 　　　円/km

問2

工事原価計算表

20×7年7月

(単位：円)

工事番号	781	782	783	784	合　計
月初未成工事原価			——	——	
当月発生工事原価					
1．材料費					
(1)A仮設資材費					
(2)B引当材料費					
〔材料費計〕					
2．労務費					
(うち労務外注費)					
3．外注費					
4．経費					
(1)車両部門費					
(2)重機械部門費					
(3)出張所経費配賦額					
〔経費計〕					
当月完成工事原価				——	
月末未成工事原価	——	——	——		

問3

① 材料副費配賦差異 ¥ 　　記号（AまたはB）

② 労務費賃率差異 ¥ 　　記号（ 同　上 ）

③ 重機械部門費操業度差異 ¥ 　　記号（ 同　上 ）

チェック・リスト

問題	回数	第1問	第2問	第3問	第4問	第5問	合　計
23回	1回目	点	点	点	点	点	点
	2回目	点	点	点	点	点	点
24回	1回目	点	点	点	点	点	点
	2回目	点	点	点	点	点	点
25回	1回目	点	点	点	点	点	点
	2回目	点	点	点	点	点	点
26回	1回目	点	点	点	点	点	点
	2回目	点	点	点	点	点	点
27回	1回目	点	点	点	点	点	点
	2回目	点	点	点	点	点	点
28回	1回目	点	点	点	点	点	点
	2回目	点	点	点	点	点	点
29回	1回目	点	点	点	点	点	点
	2回目	点	点	点	点	点	点
30回	1回目	点	点	点	点	点	点
	2回目	点	点	点	点	点	点
31回	1回目	点	点	点	点	点	点
	2回目	点	点	点	点	点	点
32回	1回目	点	点	点	点	点	点
	2回目	点	点	点	点	点	点